I0751710

CATALOGUE

DE LA BIBLIOTHÈQUE

DE M. D'HAUTECLAIR

Formée, en partie, de celle de M. d'ANVILLE,

ANCIEN GÉOGRAPHE DU ROI.

BIBLIOTHÈQUE NATIONALE R.F. IMPRIMÉS

COLLECTION JULLIEN ÉCHANGE N° 310

Ouvrages sur les sciences et les arts. — Collection des publications de Fisher, Mandeville, etc. — Ouvrages sur les costumes, journaux de modes. — — Histoire littéraire. — Art et histoire du théâtre, collection de costumes d'acteurs et d'actrices, environ 4 000 pièces de théâtre anciennes et modernes. — Ouvrages relatifs à l'histoire de Paris. — Collection des ouvrages de d'Anville et autographes du même.

LA VENTE AURA LIEU LE LUNDI 14 MAI 1860,

Et jours suivants, à 7 heures du soir.

Rue des Bons-Enfants, n° 28,

Salle n° 1, au rez-de-chaussée.

Par le ministère de Me BOULLAND, commissaire-priseur,

10, RUE DE LA MONNAIE.

PARIS

EUGÈNE MEUGNOT, LIBRAIRE,

QUAI CONTI, 7.

1860.

ORDRE DE LA VENTE.

1re *vacation :* — Lundi 14 mai.

Nos 1 à 174.

2e *vacation :* — Mardi 15 mai.

Nos 175 à 364.

3e *vacation :* — mercredi 16.

Nos 365 à 548.

4e *vacation :* — vendredi 18.

Nos 549 à 742.

5e *vacation :* — Samedi 19.

Nos 743 à 925.

6e *vacation :* — Lundi 21.

2,500 VOLUMES, *qui seront vendus en lots.* Publication illustrée, romans, classiques français, divers. Littérature ancienne et moderne. (*Voir* no 926.)

CONDITIONS DE LA VENTE.

Les livres vendus devront être collationnés sur place dans les vingt-quatre heures de l'adjudication. Passé ce délai, ou une fois sortis de la salle de la vente, ils ne seront repris pour aucune cause.

Les acquéreurs payeront, en sus du prix d'adjudication, 5 centimes par franc, applicables aux frais.

Le libraire chargé de *la vente remplira* les commissions que l'on voudra bien lui adresser.

Paris. — Imp. de Pommeret et Moreau, 42, rue Vavin.

NOTICE.

A la mort du célèbre géographe *d'Anville*, sa bibliothèque échut à sa fille, mariée à *M. Hébert d'Hauteclair*, propriétaire à Alençon. Cette bibliothèque a été l'origine de celle que nous mettons en vente aujourd'hui.

Successivement augmentée par le gendre et le petit-fils, et grossie à un moment d'un legs assez considérable de *M. Fourmy*, représentant du département de l'Orne à la Convention nationale. La différence d'études et de goûts de ses propriétaires explique suffisamment le peu d'unité de la composition de cette bibliothèque : on trouve à sa base *les Mémoires de l'Académie des inscriptions et belles-lettres*,—*le Recueil des antiquités de Caylus*,—la partie *des antiquités*, etc., *de l'Encyclopédie méthodique*, — *le grand ouvrage de Peyronnet*,—*l'Art de vérifier les dates*; tandis que les acquisitions les plus récentes sont : la collection presque complète des brillantes publications artistiques de MM. *Fisher et Mandeville*, la plupart des *livres illustrés* publiés par la librairie française depuis 1830, les collections complètes *du Magasin pittoresque*, *du Musée des familles*, *de l'Illustration*, etc., une grande quantité *d'ouvrages littéraires*, *journaux de modes*, *costumes*, etc. Quoi qu'il en soit, l'ensemble est très-varié et les amateurs y trouveront beaucoup de bons livres et de curieuses séries, notamment sur *la gastronomie*, *l'art et l'histoire du théâtre*, *l'histoire de Paris*, etc., etc.

Quant à l'intérêt particulier que doit présenter cette collection pour avoir été possédée en partie par un homme célèbre, nous signalerons de beaux exemplaires des *ouvrages de d'Anville* lui-même, entre autres *le Recueil factice*, sans doute unique, *de ses dissertations*, une *carte manuscrite autographe du diocèse de Lisieux*, et surtout *l'inventaire ou catalogue manuscrit des cartes et plans*, qu'il avait rassemblés. Ce catalogue, dressé sous sa direction par son élève, *M. de Manne*, et annoté sous sa dictée, présente une nomenclature d'environ 3,000 articles, et forme une véritable *bibliographie géographique* du plus grand intérêt. (Voir le n° 535.)

CATALOGUE

DE LA BIBLIOTHÈQUE

DE M. D'HAUTECLAIR.

THÉOLOGIE. — HISTOIRE DES RELIGIONS.

1. La Sainte-Bible, contenant l'Ancien et le Nouveau Testament. *Paris, Guill. Desprez*, 1742. 3 vol. in-12, v. gr.

2. Analysis biblica seu universæ Scripturæ sacræ analytica Expositio. H. Kilber. *Paris*, 1856. 2 forts vol. in-8, br. Exem. *pap. vergé de Holl.*

3. L'Office de la semaine sainte, etc. Par l'abbé de Bellegarde, 1748. In-8, mar. rou., tr. dor. *Aux Armes de France.*

4. De la fréquente Communion, ou les sentiments des Pères, des papes et des conciles, touchant l'usage des sacrements de pénitence et d'Eucharistie, etc., par Antoine Arnauld, prêtre. 10ᵉ édit. *Lyon*, 1703. In-8, v. br.

5. L'Esprit de saint François de Sales, évêque de Genève, etc., publié par P. C., 1737. In-8, v. gr. *Portrait.*

6. Divi Bernardi Claræ-Vallensis abbatis primi, religiosissimi ecclesiæ doctoris, etc., opera omnia. *Parisiis*, 1602. In-fol. à 2 col., v. br.

7. Sermons de Massillon, évêque de Clermont. *Paris*, 1774-80. 15 vol. in-12, v. mar., *rel. uniforme.*

8. Dictionnaire critique des reliques et des images miraculeuses, par Collin de Plancy. *Paris*, 1821. 3 vol in-8, br.

9. Les Livres sacrés de l'Orient, trad. par G. Pauthier. *Paris, Panthéon litt.* à 2 col., gr. in-8, br.

10. Cérémonies religieuses de tous les peuples du monde. *Paris*, 1821. In-8, cart., non rog. 50 *figures gravées.*

11. Histoire de l'Eglise, par messire Antoine Godeau, évesque de Vence. 2e édit. *Paris, Aug. Courbé.* 1657. In-fol., v. br.

12. Taxe des parties casuelles de la boutique du pape, publiée par Julien de Saint-Acheul. 1821. In-8, br.

---

13. Essai sur l'emploi du temps, ou méthode de bien régler l'emploi du temps, premier moyen d'être heureux (par A. Jullien). *Paris*, 1810. In-8, v. rac.

14. Les Provinciales, ou Lettres de Louis de Montalte, par Blaise Pascal. *Paris*, 1816. 2 tom. en un vol. in-8, v. rac., dent.

15. De l'école d'Alexandrie, précédée d'un Essai sur la méthode des alexandrins et le mysticisme, etc., par Barthélemy-Saint-Hilaire. *Paris*, 1845. In-8, br.

16. Nathalie ou les cinq âges de la femme, par la baronne A. de Reiset. *Paris*, 1854. 3 vol. in-8, br.

17. Recherches historiques sur le système de Law, par E. Levasseur. *Paris, Guillaumin*, 1840. In-8, d.-mar. v.

18. Les Paysans catholiques, par le vicomte Walsh. *Paris*, 1848. 2 vol. in-8, br.

19. La femme jugée par les grands écrivains des deux sexes, etc., par Larcher, 1854. Gr. in-8, cart., toile, tr. dor. *Portraits gravés sur acier.*

JURISPRUDENCE.

20. Histoire de la jurisprudence romaine, par Terrasson, 1750. In-fol., v. mar.

21. De l'origine et des progrès de la législation française, par Bernardi. *Paris*, 1816. In-8, br.

22. Histoire du droit public ecclésiastique françois, où l'on traite de sa nature, de son établissement, de ses variations, et des causes de sa décadence, etc., par D. B. *Londres, S. D.* 2 vol. in-4, d.-rel.

23. Les loix ecclésiastiques de la France dans leur ordre naturel, revues par L. de Héricourt. *Paris*, 1771. In-fol., v. mar.

24. Les loix civiles dans leur ordre naturel, le droit public, et legum delectus, par Domat, revus par de Héricourt. *Paris*, 1767. In-fol. v. mar. — Supplément aux loix civiles

dans leur ordre naturel, par F. de Jouy, 1767. In-fol., cart, non rog.

25. Loix forestières de France, commentaire historique et raisonné sur l'ordonnance de 1669, auquel on a joint une bibliothèque des auteurs qui ont écrit sur les matières d'eaux et forêts, etc., par Pecquet. *Paris*, 1753. 2 vol. in-4, v. mar.

26. De l'usage des fiefs et autres droits seigneuriaux, par Denis de Salvaing. 2e édit. *Grenoble*, 1668. In-fol., v. br.

27. Traité des fiefs de Dumoulin, analysé avec les autres feudistes, par H. de Pensey. *Paris*, 1773. In-4°, v. mar.

28. Traité des justices de Seigneur, et des droits en dépendants, par Jacquet. *Lyon*, 1764. In-4, v. mar.

29. Le droict françois et coustume de la prevosté et vicomté de Paris, par maistre J. Tronçon. 3e édit. *Paris*, 1652. in-fol., v. br.

30. Dictionnaire ou Traité de la police générale des villes, bourgs, paroisses, et seigneuries de la campagne, par Edme de la Poix de Freminville. *Paris*, 1758. In-4, v. mar.

31. Traités sur les coutumes anglo-normandes, qui ont été publiées en Angleterre, depuis le XIe jusqu'au XIVe siècle, etc., par Houard. *Paris*, 1776. 4 vol. in-4, v. mar.

32. Coutumes des duché, bailliage, prevosté d'Orléans, et ressorts d'iceux, commentées par J. Delalande. *Orléans*, 1673. In-fol., v. br. *Armes.*

33. Les Coustumes et statutz particuliers de la pluspart des bailliages, séneschaussées, et prevostez royaulx du royaulme de France. On les vend à Paris, en la boutique de Galliot du Pré. 1536. 2 part. en 1 vol. in-fol., v. br., impr. en goth. *Les premiers feuillets se trouvent atteints d'humidité.*

34. Théorie des matières féodales et censuelles, par Hervé, avocat. *Paris*, 1785. 3 vol. in-12, br.

35. Les Plaidoyez et harangues de Le Maistre, avocat au Parlement, donnez au public par J. Issali, avocat, 4e édit. *Paris*, 1659. In-4, v. br.

36. Œuvres de Ch. Loyseau, Parisien, cont. les cinq livres du droit des offices. — Traicté des seigneuries. — Traicté des ordres simples et dignitez. *Paris, Abel l'Angelier*, 1614-21. In-fol., v. br. Bel ex.

37. Dictionnaire raisonné des domaines et droits domaniaux. *Paris*, 1775. 2 vol. in-4, v. mar.

38. Recueil des édits, ordonnances, déclarations, lettres-patentes, arrests et reglemens concernant les domaines du roy, et droits domaniaux, seigneuriaux, etc. *Paris*, 1753. 10 vol. in-4, bas.

39. Mémoires sur les matières domaniales, ou Traité du domaine, par Lefevre de la planche. *Paris*, 1764. 3 vol. in-4, v. mar.

40. Codes de la législation française, par Nap. Bacqua. *Paris*, 1841. Gr. in-8, br.

41. Les filles publiques de Paris et la police qui les régit, par Béraud. 1839. 2 vol. in-8, br.

SCIENCES ET ARTS.

Histoire naturelle. — Agriculture. — Botanique. Jardinage.

42. Histoire naturelle de Buffon, classée par ordre, genre et espèces, d'après le système de Linné, par Henri Richard. Castel, avec les suites. *Paris*, *Déterville*, 1802. 80 vol. in-18, cart. *Figures coloriées.*

43. Œuvres complètes de Buffon, mises en ordre, par le comte de Lacépède, nouv. édit. *Paris*, *Rapet*, 1817. 12 vol. — Vue générale des progrès de plusieurs branches des sciences naturelles, depuis la mort de Buffon, par de Lacépède. 1818. In-8. Supplément aux Œuvres de Buffon, par de Lacépède. *Paris*, 1819. 5 vol. — Supplément à l'histoire naturelle de Buffon, par F. Cuvier. *Paris*, 1836. 2 vol. Ensemble, 20 vol. in-8, br., et atlas de figures en livraisons.

44. Dictionnaire raisonné, universel d'histoire naturelle, par Valmont-Bomare. *Lyon*, 1800. 15 vol. in-8, dem.-rel.

45. Collection d'oiseaux (gravés par Martinet, vers 1780). 4 vol. in-4, dem.-rel., v. bl. *Environ* 500 *planches très-bien coloriées.*

46. Histoire abrégée des insectes, dans laquelle ces animaux sont rangés suivant un ordre méthodique. Nouvelle édition, par Geoffroy. *Paris*, an VII. 2 vol. in-4, br. *Planches.*

47. Le Jardin des plantes, description et mœurs des mammifères de la ménagerie et du muséum d'histoire naturelle, par Boitard, précédé d'une introduction historique, par J. Janin. *Paris*, *Dubochet*, 1842. Gr. in-8, cart. *Figures.*

48. Album du Jardin des Plantes, dessiné et lithographié par Baron. Gr. in-4 oblong. *Figures.*

49. Lettres à Sophie sur la physique, la chimie et l'histoire naturelle, par Aimé-Martin. *Paris*, 1814. 2 vol. in-8, v. jaspé, dent.

50. Cours complet d'agriculture pratique, d'économie rurale et domestique, et de médecine vétérinaire, par l'abbé Rozier. *Paris*, 1809. 6 vol. in-8, v. rac., *planches*.

51. Dictionnaire d'agriculture pratique, par Fr. de Neufchâteau, 1827. 2 vol. in-8, d.-rel., *planches*.

52. Mémoire sur l'agriculture de la Flandre française et sur l'économie rurale, par Cordier, 1823. In-8, br.

53. Oiseaux de basse-cour et lapins, par Mme Millet-Robinet, 2e édit. In-12, br. — De la construction, de la direction et du chauffage des serres, etc., 1846. In-12, br.

54. Bibliographie agronomique. 1810. In-8, bas. rac.

55. Le Jardin du cultivateur, par Naudin, 1857. In-12, br., fig. — Tracé et ornementation des jardins d'agrément, par Rona. In-12, br., fig. — Les expériences d'un amateur ou la taille des arbres simplifiée, par Lefevre, 1857. In-12. Ens., 3 vol.

56. Le bon Jardinier, almanach pour 1856. — Figures pour l'almanach du bon jardinier, par Decaisne. Ens., 2 vol. in-12, br., *planches*.

57. Manuel pratique du jardinage, cont. la manière du cultiver soi-même un jardin, par Courtois-Gérard, 1848. In-12, br. — Manuel de l'agriculteur commençant par Villeroy. 3e édit. *Paris*. In-12, br. — Manuel de l'éleveur de bêtes à cornes, par Villeroy. *Paris*. Ens., 3 vol. br.

58. Gravures de l'almanach du bon jardinier, cont. principes de botanique, marcottes, boutures, etc., par Decaisne. 20e édit. *Paris*. In-12, br.

59. Instruction pour les jardins fruitiers et potagers, avec un traité des orangers. *Paris*, 1739. 2 vol. in-4, v. mar., planches.

60. Traité de la composition et de l'ornement des jardins, avec 161 planches représentant plus de 600 fig., etc. 5e édit. *Paris, Audot*, 1839. 2. vol. in-4, obl., d.-v. vert, dos. et coins.

61. Traité complet de l'horticulture pour les grands et les petits jardins, par Denis et Rouard. *Paris*, 1846. In-8, br. *Planches*.

62. Art aratoire et du jardinage. An v. In-4, et atlas cart.

63. Revue horticole, journal d'horticulture pratique. *Paris, Dusacq*, 1852-58, en livraisons et Numéros séparés de 1859. 7 vol. et liv.

64. Encyclopédie des dames. — La maison de campagne, par Mme A. Adanson. *Paris*, 1822. 3 v. in-18. — Le Matériel agricole, par Aug. Jourdier. Avec 206 grav. in-12. Ens., 4 vol. br.

65. Maison rustique du XIXe siècle, ou Encyclopédie d'agriculture pratique, etc. *Paris*, 1836. 4 vol. in-8, br., *figures*.

66. La nouvelle Maison rustique, ou économie rurale pratique et générale de tous les biens de la campagne. *Paris*, 1790. 2 vol. in-4, bas. *Planches*.

67. Cours élémentaire théorique et pratique d'arboriculture, par A. Du Breuil. 3e édit., 1854. — 2 vol. in-12, br. *Figures*

68. 6 broch. in-8, — Manière de planter les arbres, 1848. — la Pensée, la Violette, etc., par R. Godefroy, 1844. *Pl.* — Mémoire sur le dahlia, par Lelieur, 1829. — Méthode de la culture du melon, par Noget, 1832. — Les bonnes Poires, par Baltet. *Troyes*, 1859.

69. Cours théorique et prat. de la taille des arbres fruitiers, par Dalbret. 1829. *Planches*. — Pratique raisonnée de la taille du pêcher par Lepère. *Pl.* — Instr. élémentaire sur la conduite et la taille des arbres fruitiers, par Croux, 1852. *Pl.* Ens., 3 vol. in-8.

70. Topographie de tous les vignobles connus, par Jullien, 1816. In-8, d.-rel.

71. Histoire et description du muséum royal d'histoire naturelle, par Deleuze. *Paris*, 1823. 2 vol. in-8, v. rac. fil. *Figures*.

72. Flore des environs de Paris, par Thuillier, 1790. In-12, d.-rel.

73. Leçons de Flore. Cours complet de botanique, par J. L. Poiret, etc., en livraisons. 56 *figures coloriées*.

74. Jardinage, brochures, almanachs divers, etc. 35 vol. in-8 et in-12, rel. et br.

75. Nouveau Dictionnaire de médecine, chirurgie, pharmacie, physique, chimie, etc., par Béclard, Cloquet, Orfila, etc. *Paris*, 1821. 2 vol. in-8, v. rac., fil.

76. Dictionnaire de médecine-pratique et de chirurgie, mis à la portée des gens du monde, par Alex. Pougens. *Paris*, 1820. 4 vol. in-8, v. rac., fil.

77. Médecine-domestique, ou traité complet des moyens de se

conserver en santé, etc., traduit par Duplanil, 5e édit. *Paris*, 1802. 5 vol. in-8, v. rac., fil. *Portrait*.

78. Dictionnaire universel des drogues simples, cont. leurs noms, origine, choix, vertus, étymologie, etc., par Lemery, nouv. édit. *Paris*, 1759. In-4, v. mar. *Portrait*.

79. Mémorial de l'art des accouchements, par Mme veuve Boivin, 1817. In-8, v. fau, dent., tr. dor. *Portrait*, 136 *planches*.

80. Physiologie des passions, par J. L. Alibert, 1827. 2 vol. in-8, br., *figures*.

Mathématiques. — Arts et Métiers divers.

81. Traité de topographie, d'arpentage et de nivellement, par Puissant. *Paris*, 1820. In-4, br. *Planches*.

82. Traité de géodésie, ou exposition des méthodes trigonométriques et astronomiques, par L. Puissant. 2e édition. 1819. 2 vol. in-4, v. rac. *Planches*.

83. Mémoire sur les moyens de conduire à Paris une partie de l'eau des rivières de l'Yvette et de la Bièvre, par Perronet. *Imp. roy.*, 1776. In-4, br. *Planches*.

84. Traité des instruments astronomiques des Arabes, composé au XIIIe siècle, trad. par Sédillot. *Paris, Imp. roy.* 2 vol. in-4, br. *Planches*.

85. La Gnomonique pratique, ou l'art de tracer les Cadrans solaires, par Dom Bedos de Celles. *Paris*, 1760. In-8, v. mar. *Planches*.

86. Séances des écoles normales, recueillies par des sténographes, et revues par des professeurs. Nouv. édit. *Paris, imp. du Cercle social*, 1800. 13 vol. in-8, d.-rel. v.

87. Dictionnaire de marine, etc., par le vice-amiral Willaumez. 1820. In-8, v. rac.

88. Recueil de planches *Arts et métiers* de l'encyclopédie méthodique, par ordre de matières. *Paris*, 1783. 3 vol. in-4, v. m., *rel. uniforme*.

89. Le parfait Boulanger, ou Traité complet sur la fabrication et le commerce du pain, par Parmentier. *Paris, Imp. roy.*, 1778. In-8, v. mar.

90. Cours élémentaire de fortification, par le général Bellavène, 1806. In-8, v. jaspé, dent. *Planches*.

91. Mémorial de l'officier d'infanterie. *Paris*, 1813. 2 vol. in-8, bas. rac. *Planches*.

92. Mémorial de l'officier d'infanterie, par le colonnel Bardin. Seconde édit. 1823. 2 vol. in-8, v. rac. dent. *Planches*.

93. Manuel de l'Artificier, 1757. In-12, v. m. *Figures*.

94. Traité du lavis des plans, appliqué principalement aux reconnaissances militaires, par Lespinasse. *Paris*, 1801. In-8, v. éc., dent. *Planches*.

95. Traité raisonné d'équitation, en harmonie avec l'ordonnance de cavalerie, par Cordier. *Paris*, 1824. In-8, br. *Planches*.

96. Principes pour monter et dresser les chevaux de guerre, par le baron de Bohan. 1821. In-8, br.

97. Le nouveau parfait maréchal, ou la connaissance générale et universelle du cheval, avec un dict. des termes de cavalerie, par Fr. de Garsault. 4e édit. *Paris*, 1770. In-4, v. mar. *Planches*.

98. Les amusements de la campagne, cont. la descript. de tous les jeux, le jardinage, la pêche, les diverses chasses, etc., par P. Désormeaux. *Paris*, 1826. 4 vol. in-12, br. *Planches*.

99. Dictionnaire de toutes les espèces de chasses. An III. In-4, et atlas cart. (*Encyclopédie méthodique*.)

100. Elément de musique, théorique et pratique, suivant les principes de Rameau. *Paris*, 1752. — Essais sur les principes de l'harmonie, par Serre. *Paris*, 1753. En 1 vol. in-8, v. mar. *Planches*.

101. Lettres et Entretiens sur la danse anc. et mod., par A. Baron, 1825. In-8, br.

102. Nouveau livre d'écriture pour apprendre de soi-même à écrire, gravé par le Parmentier. *Paris*, *S. D.* (vers 1750). In-8, br.

103. Ecriture ancienne d'après des manuscrits et les meilleurs ouvrages. — Spécimen d'Ecritures modernes, etc. — Galerie, Compositions, etc., exécutés à la plume, par J. Midole, gravés à la lithographie d'Emile Simon. *Strasbourg*, 1834-35. 3 part. en 1 vol. in-fol., d.-rel. maroq. bl. 81 *Planches*.

104. Dictionnaire des origines, découvertes, inventions et établissements, ou tableau hist. de l'orig. et des progrès de tout ce qui a rapport aux science et aux arts, aux modes et

aux usages, etc., par une société de gens de lettres. *Paris*, 1787. 3 vol. in-8, v. mar.

105. Nouveaux dictionnaires des origines, inventions et découvertes, par Noël et Carpentier. 1827. 2 vol. in-8, d.-rel.

106. Merveille du génie de l'homme, découvertes, inventions, par A. de Bast. Gr. in-8, br. *Figures*.

Gastronomie.

107. Dictionnaire des Aliments, précédé d'une Hygiène des tempéraments, par Ch. G... 1826. In-8, br.

108. 10 vol. et br. sur la Cuisine. — Directeur des estomacs. — L'Art de bien vivre. — Influence de la cuisine, etc.

109. Dictionnaire de cuisine et d'économie ménagère, par Burnet. 1836. Gr. in-8, d.-rel.

110. Physiologie du goût, ou Méditations de gastronomie transcendante (par Brillat-Savarin). 2e édition. 1823. 2 tom. en 1 vol. in-8, d.-rel., *front. sur chine*.

111. Almanach des Gourmands, par un vieil amateur (Grimod de La Reynière). 1810-1811. 8 années en 8 vol. in-18, bas., rac., fig.

112. Journal des Gourmands et des Belles, ou l'Epicurien français (par Grimod de La Reynière). 1806-1810. 20 tomes en 10 vol., in-18, v. rac., *figures et portr*.

113. L'officier de bouche, Journal universel de la bonne chère. 1836. 24 numéros in-4, br.

114. Le Gastronome, journal universel du Goût, rédigé par une société d'hommes de lettres et d'hommes de bouche. 1830-31. Première et deuxième années. 148 numéros reliés en 2 vol. in-fol., cart. (format d'agenda.)

115. La Gastronomie, revue de l'Art culinaire ancien et moderne. 1839-40. 60 numéros in-fol., br.

116. Le Gastronome français, ou l'Art de bien vivre, par les anciens auteurs du journal des Gourmands. 1828. In-8, br., *figure*.

117. Manuel de la Friandise, ou les talents de ma cuisinière Isabeau, mis en lumière. 1797. In-18, br., n. rogn.

118. Le Guide des Dîneurs, ou Statistiques des principaux res-

taurants de Paris, cafés, etc. 1814. In-18, br. — Promenades gastronomiques dans Paris. 1833. In-18, br., fig.

119. Causeries de gourmets et de chasseurs, par A. Carême et Eléazar Blaze. 1845. In-18, br., fig.

120. L'Art de dîner en ville, par Colnet. 1810. In-12, br., non rogné.

121. Bréviaire du gastronome, par A. Martin. — Manuel de l'Amateur de café, par le même. — Manuel de l'Amateur d'huîtres, par le même. 1828. Ens., 3 vol. in-18, br., n. r. *Vignettes d'H. Monnier, coloriées.*

122. Almanach du comestible nécessaire aux personnes de bon goût et de bon appétit. 1812. In-24, br., *front gravé.*

123. Le Manuel du gastronome, ou nouvel Almanach des Gourmands. 1830. In-18, fig. — Historiographie de la Table, par C. Verdot. 1833. In-18. Ens., 2 vol. rel. en 1, d.-r.

124. Nouvel Almanach des Gourmands, dédié au ventre, par de Périgord. 1825-26-27. 3 vol. in-18, fig. — Almanach perpétuel des Gourmands. 1830. 1 vol. — Almanach des Gourmands, par Périgord cadet. 1829. 1 vol., *avec vignette de Granville coloriée.* Ens., 5 vol. in-18, br.

125. Manuel de gastronomie. 1825. — Code culinaire. 1830. — Code gourmand. 1827. — Almanach perpétuel des gourmands. 1840. Ens., 4 vol. in-12, br.

126. La gastronomie pour rire, anecdotes, etc., par Gardeton. 1827. — L'Art de ne jamais déjeuner chez soi et de dîner chez les autres, par le chev. de Mangenville. 1827. *Vignette d'Henry Monnier.* 1 vol. in-18, cart. — Le nouveau Gargantua, 1839. — Physiologie du vin de champagne, par deux buveurs d'eau. 1841. In-18, br. Ens., 3 vol.

127. La Gastronomie, par Berchoux. 1803. — L'Anti-Gastronomie, poëme. 1806. — Mystères des restaurants, cafés, etc. 1843. — Comme on dîne à Paris, par A. J. Arago. 1842. Ens., 4 vol. in-18.

BEAUX-ARTS.

Peinture, Gravure, Architecture, etc. **Suites de Figures diverses, Caricatures,** etc.

128. Entretiens sur les vies et sur les ouvrages des plus excellens peintres anciens et modernes (par Félibien). 2e édit. *Paris,* 1685. 2 vol. in-4, v. br.

129. Dictionnaire des artistes de l'école française au XIXe siècle. Peinture, sculpture, architecture, gravure, dessin, etc., par Ch. Gabet, peintre. *Paris*, 1831. In-8, cart.

130. Manuel de l'amateur d'estampes, faisant suite au Manuel du libraire, par E. Joubert. *Paris*, 1821. 3 vol. in-8, v. éc. Bel. ex.

131. Traité élémentaire de la peinture, par Léonard de Vinci, avec 58 figures, dont 34 en taille-douce. 1803. In-8, cart., n. rogné, *portrait, figures*.

132. L'Art du dessin démontré d'une manière claire et précise, par Jean Cousin, revu par Leclère, peintre. In-fol., br., texte et 24 *planches*.

133. Dictionnaire des arts du dessin, par Boutard. 1826. In-8, v. rac., dent.

134. Album de l'Ecole de dessin, Journal des jeunes artistes et des amateurs. In-4, cart., tr. dor., *figures noires et coloriées*.

135. Livre de portraiture de J.-Fr. Barbier, peintre italien. *Paris, chez Moncornet, S. D.* In-12, oblong, cart.

136. Le nouveau Vignole, ou Règle des cinq ordres d'architecture, par J. Barozzio. 1755. Pet. in-4, br., fig.

137. Le Vignole des ouvriers, ou Méthode facile pour tracer les cinq ordres d'architecture, composé de 34 planches, par Ch. Normand. *Paris*, 1821. In-4, br.

138. Dictionnaire d'architecture civile et hydraulique, et des arts qui en dépendent, par Daviler. Nouvelle édition augm. *Paris*, 1755. In-4, cart., n. rogn.

139. Cours d'architecture qui comprend les ordres de Vignole, avec des commentaires, les figures et descriptions des plus beaux bâtiments, et de ceux de Michel-Ange, etc., par Daviler. *Paris*, 1691. 2 vol. in-4, v. br., pl.

140. Dictionnaire portatif des termes usités en architecture, par Vagnat. *Grenoble*, 1819. In-8, rel.

141. Dictionnaire d'architecture civile, militaire et navale antique, ancienne et moderne, par Roland le Virloys. 1771. 3 vol. in-4, cart.

142. La manière de bien bastir, par Le Muet. 1624. In-fol., v. br., *figures*. (*Manque le titre.*)

143. Nouvelle architecture pratique, ou Bullet rectifié et entièrement refondu, etc., par A. Miché. 1818. In-8, v. rac. dent., 24 *planches*.

144. Cours d'architecture, qui comprend les ordres de Vignole, etc., par Daviler. *Amsterdam*, 1695. 2 tom. en 1 vol. in-4, *figures*

145. Description des projets et de la construction des ponts de Neuilly, de Mantes, d'Orléans et autres ; du projet du canal de Bourgogne, etc., etc., en 67 planches, par Perronet. *Paris, Impr. royale*, 1782. 2 vol. gr. in-fol., v. m., *planches et très-beau portrait de Cochin.*

146. Devis des ouvrages à faire pour la construction du pont de Louis XVI, en pierre, avec chemin de halage et d'une partie des murs de quai sur la Seine, vis-à-vis de la place de Louis XV, par Perronet. 1787. In-4, demi-rel.

147. Traité de la coupe des pierres, par J. B. de La Rue, architecte. 1764. In-fol., br., non rog., *figures.*

148. Le Musée du jeune amateur, souvenir des peintres de toutes les écoles, par Mme de Bassanville. *Paris, L. Janet.* S. D. In-4, cart., toile, tr. dor., 14 *figures.*

149. Annales du Musée et de l'Ecole moderne des Beaux-Arts (Ecoles italiennes), par P. Landon. 2e édit. *Paris, Impr. roy*, 1823. 4 tom. en 2 vol. In-8, cart.

150. Chef-d'œuvre de peinture du musée d'Italie, de Flandre, de Hollande et d'Angleterre, recueil de gravures au burin, avec notices, etc., par F***. 1842. In-8, cart. en toile.

151. Les plus jolis tableaux de Teniers, G. Dow, Paul Potter, V. Ostade, etc., publiés par Challamel. In-4, cart., *figures.*

152. La Passion de Jésus-Christ, par Callot. 12 planches. — Figures antiques, dessinées à Rome par Fr. Perier. 18 planches gravées. In-8, cart.

153. The modern Gallery of British artists ; consisting of a series of engravings of their most admired Works. *London*, 1836. in-4, cart., *figures.*

154. Chambre de Marie de Médicis au palais du Luxembourg, ou Recueil d'arabesques, peintures et ornements qui la décorent, dessiné par Dedaux, architecte, et gravé au trait par les meilleurs artistes. *Paris*, 1838. Gr. in-fol., en feuilles.

155. Les galeries publiques de l'Europe, par Armengaud. — Rome. — *Paris*, 1857. In-fol., demi-rel., mar. bl., tr. dor., *figures.*

156. Le Keepsake français. *Paris et Londres.* In-8, v. vert, comp., tr. dor., fig.

157. Keepsake des jeunes personnes, par Mme la comtesse Dash. Gr. in-8, cart. en toile, tr. dor., *figures*.

158. Fantaisies gracieuses, composées par Numa et lithographiées à deux teintes. In-fol., cart.

159. Album Champin : Vues pittoresques du chemin de fer de Paris à Orléans; paysages, sites et monuments. Gr. in-4, cart., toile, tr. dor.

160. Vues pittoresques de *Maisons-Laffitte*, dessinées d'après nature, par Pingret, avec texte. 1838. In-fol., cart., 16 *planches*.

161. L'Artiste. Année 1838. Gr. in-4, riche reliure, mar. rouge, compart., tr. dor., *figures*.

162. Journal l'Artiste. Année 1841. 2 vol. in-4, cart., non rog., *grand nombre de figures*.

163. L'Album. 1822.—Le Petit Diable rose. 1822.—L'Oracle européen, miroir des journaux. 1828. Ens., 3 vol. in-8, cart., *figures*.

164. Le Caricaturiste, revue drolatique du dimanche, du n° 1 au 57e inclus., *figures*.

165. Recueil d'environ 100 planches, gravures et lithographies diverses, caricatures coloriées, etc. In-4 oblong, cart.

166. Tribulations de la garde nationale. Gr. in-4, br., 27 *caricatures coloriées*.

167. La Charge, ou les Folies contemporaines, recueil de dessins satiriques et philosophiques, pour servir à l'histoire de nos extravagances. 1832-1833. 25 liv. in-4.

168. 13 vol. Le Charivari. — La Caricature, etc., contenant un grand nombre de caricatures.

169. 15 portraits pet. in-8. Poëtes français des XVIe et XVIIe siècles. Passerat, Racan, Charles IX, Montreuil, Du Bellay, Voiture, Maynard et autres.

170. Recueil de gravures sur acier, publiées par Furne, pour les auteurs suivants : Racine, Molière, Lafontaine, Boileau, Voltaire, Rousseau, Delille, Milton, Virgile, Beaumarchais, en 1 vol. gr. in-8, demi-rel.

171. Recueil de figures pour les œuvres de Châteaubriand et celles de Casimir Delavigne. Publiées par Furne. Gr. in-8, d.-rel.

172. Figures des fables de la Fontaine, gravées sur bois pour l'édition parisienne, en 2 vol. in-32. *Paris, Crapelet*, 1830. Gr. in-8, cart., n. rog.

173. Recueil d'estampes gravées sur acier. Pour les œuvres de Victor Hugo, lord Byron et l'Histoire d'Angleterre de Hume. In-8, cart.

174. Gravures pour l'Histoire de la Révolution française de Thiers et pour l'Histoire de Napoléon, par Norvins, publiées par Furne. Gr. in-8, d.-rel.

Publications pittoresques; — Albums, etc., publiés par Fisher, Mandeville et autres.

175. The Rivers of France from Drawings by W. Turner. *London*, 1837. Gr. in-8, d.-rel.mar. pl. *Figures.*

176. Forty-six views of Tyrolese scenery. *London, S. D.* In-4, cart. toile, tr. dor. 46 *planches.*

177. La Suisse pittoresque, par William Beattie and W. H. Bartlett, *Londres*, 1836. 2 vol. in-4, cart. toile angl., tr. dor. *Figures.*

178. Vues de villes et de scènes d'Italie, de France et de Suisse. Texte français-anglais, *Londres, Fisher*. 3 vol. in-4, cart. toile, tr. dor. *Figures.*

179. Les Vallées vaudoises pittoresques, ou vallées protestantes du Piémont, du Dauphiné, et du Ban de la Roche, par W. Beattie. *Londres*, 1838. In-4, cart. toile, tr. dor. *Figures.*

180. Vues de la Hollande et de la Belgique dessinées, par W. Bartlett. *Londres*. In-8, maroq. rou., tr. dor. *Figures.*

181. La Clef des champs, excursions dans les Etats Vénitiens, le Tyrol, la Belgique, la Hollande, etc., par la baronne de Montaran. *Paris, Mandeville*, 1853. Gr. in-8, cart. toile, tr. dor. *Figures.*

182. Le Danube illustré. Vues d'après nature, etc. *Paris, Mandeville, S. D.* In-4, cart. toile angl., tr. dor. *Figures.*

183. Rome. Souvenirs religieux, historiques, artistiques de l'expédition française en 1849 et 1850, par la comtesse de la Rochère, 1853. Gr. in-8, cart. toile, tr. dor. *Figures.*

184. The Shores and Islands of the Mediterranean. *London, Fisher*. 2 vol. in-4, cart. toile, tr. dor., *figures.*

185. Le Rhin, l'Italie et la Grèce illustrés (en anglais). *Londres, Fisher*. In-4, cart. toile, tr. dor. *Figures*.

186. L'Angleterre pittoresque. *Londres, Fisher*, 1837-38. 4 vol. in-4, cart. toile angl., tr. dor. *Figures*.

187. Description de Londres et de ses édifices, etc., par Barjaud Landon. 1811. In-8, v. rac., dent. 42 *planches et portraits ajoutés*.

188. La Tamise, par Tombleson. *Londres*. In-4, cart. *Figures*.

189. Le Cornouaille illustré. Recueil de vues de châteaux, paysages, villes, églises, antiquités, etc. *Londres, Fisher*, 1831. In-4, cart. *Figures*.

190. Excursions in the county of Norfolk. *London*, 1818. 2 vol. in-12, d.-rel. 100 *planches*.

191. Diorama anglais, ou promenades pittoresques à Londres, renfermant les notes les plus exactes sur les caractères, les mœurs et usages de la nation anglaise, par M. S. *Paris*, 1823. In-8, d.-rel. mar. vert. 24 *planches coloriées*.

192. The Ports, Harbours, Watering places, and coast scenery of Great Britain, illustrated by views taken on the spot, by W. Bartlett. *London*, 1844. 2 vol. in-4, cart. toile angl., tr. dor. *Figures*.

193. L'Ecosse pittoresque ou suite de vues prises expressément pour cet ouvrage, par Th. Allom, W. Bartlett, et texte par Beatie, *Londres*, 1838. 2 vol. gr. in-4, cart. toile angl., tr. dor. *Figures*.

194. The Scenery and antiquities of Ireland, by W. H. Bartlett. *London*, 1841. 2 vol. in-4, cart. toile angl., tr. dor. *Figures*.

195. Le Danube illustré, pour faire suite à Constantinople anc. et mod., vues d'après nature, dessinées par Bartlett. *Paris, Mandeville*. In-4, cart. toile, tr. dor. *Figures*.

196. La Syrie, la Terre-Sainte, l'Asie Mineure, etc., illustrées. *Londres, Fisher*. 3 vol. in-4, cart. toile, tr. dor. *Figures*.

197. Modern Athen's, displayed in a series of views, or Edinburgh, in the nineteenth century. *London*. 1832. In-4, cart. *Figures*.

198. La Grèce pittoresque et historique, par le Dr Chr. Wordsworth, trad. par Regnault. *Paris, Curmer*. Gr. in-8, cart., non rog. *Figures*.

199. L'Empire ottoman illustré, Constantinople ancienne et moderne, illustrée d'après les dessins de Th. Allom, etc., *Londres Fisher*. In-4, maroq. rou. fil., compartiments. *Figures.*

200. The Christian in Palestine or scenes of sacred history, historical and descriptive, by H. Stebing. *London, S. D.* In-4, cart. toile, tr. dor. *Figures.*

201. Vues illustrées de topographie de Jérusalem, ancienne et moderne, en anglais et en français. *London.* Gr. in-fol., d.-rel. mar. v. *planches.*

202. L'Amérique pittoresque, ou vues des lacs, fleuves et terres des États-Unis d'Amérique. *Londres*, 1840. 2 vol. in-4, cart. toile anglaise, tr. dor. *Figures.*

203. Canada pittoresque, orné de gravures d'après les dessins de W. Bartlett. *Londres*, 1843. 2 vol. in-4, cart. toile, tr. dor. *Figures.*

204. Views in India chiefly among the Himalaya mountains, by Lieut.-G. F. White. *London, Fisher.* In-4, maroq. gr., tr dor. *Figures.*

205. Vues de l'Inde, de la Chine et des îles de la mer Rouge, en anglais. *Londres, Fisher.* 2 vol. in-4, cart. *Figures.*

206. L'Écrin d'une reine, album artistique. *Paris, Mandeville*, cart. toile, tr. dor. *Figures.*

207. The Book of royalty, caracteristics of British palaces, by Hall the drawings, by Perring and Brown. *London, S. D.* In-fol., riche rel. maroq. rou., tr. dor. *Figures imprimées en couleur.*

208. Mosaïque : Soirées des salons. — Album du monde élégant. — Soirées intimes. — Loisirs du grand monde. *Paris, Mandeville, S. D.* 4 vol. in-fol., cart. toile, tr. dor. *Figures.*

209. Fisher's drawing Room scarp-book, por 1835, 1836, 1841 et 1842. *London.* 4 vol in-4, cart. toile angl., tr. dor. *Figures.*

210. Flowers of loveliness twelve groups of female figures emblematic of flowers. *London, Ackermann.* In-fol., cart. angl., tr. dor. 12 *planches.*

211. The Book of the boudoir, or the court of queen Victoria. *London*, 1841. In-fol., riche rel. maroq. vert, tr. dor. *Figures.*

212. Galerie des femmes de Shakspeare, collection de 45 portraits. Gr. in-8, en livraisons.

Costumes divers. — Collections de Revues et Journaux de modes.

213. Costumes français, civils, militaires et religieux, avec les meubles, les armes, les armures, l'architecture domestique, les ordres de chevalerie, les étendards et les blasons les plus historiques, depuis les Gaulois jusqu'en 1834, dessinés d'après les historiens et les monuments, et publiés par Herbé, avec des notices historiques. In-fol., d.-rel., n. rogn. 100 *planches. Ex. colorié avec soin.*

214. Galerie française de femmes célèbres par leurs talents, leur rang ou leur beauté; portraits en pied dessinés par Lanté, gravés par Gatine, avec des notices biographiques et des remarques sur les habillements. *Paris*, 1827. In-fol., d.-rel. *Exemplaire colorié avec soin.*

215. Recueil de portraits en pied de littérateurs français, depuis Marguerite de Navarre jusqu'à Ducis. In-4, d.-rel., *figures de Devéria.*

216. Autrefois, ou le Bon vieux temps, types françois du XVIIIe siècle, texte par R. de Beauvoir, L. Jacob, Privat d'Anglemont, etc., vign. par Tony Johannot, Th. Fragonard, etc. *Paris, Challamel.* Gr. in-8, d.-mar. viol. *Ex. colorié.*

217. Costume des femmes du pays de Caux, et de plusieurs autres parties de l'ancienne province de Normandie, dessinés par Lanté, gravés par Gatine. 1827. In-fol., d.-rel. 105 *pl. coloriées.*

218. Mœurs et coutumes des peuples, ou Collection de tableaux représentant les usages remarquables. Des mariages, funérailles, supplices et fêtes des diverses nations du monde. *Paris*, 1811. 36 livr. in-4, br. *Ex. colorié*, 144 *planches.*

219. Costumes des femmes de Hambourg, du Tyrol, de la Hollande, de la Suisse, de la Franconie, de l'Espagne, de Naples, etc., dessinés par Lanté, gravés par Gatine. 1827. In-fol., d.-rel. 100 *pl. coloriées.*

220. Le petit Cosmopolite, ou Recueil des costumes de différents peuples. *Paris, Martinet, S. D.* In-8, demi.-rel. 161 *pl. coloriées.*

221. Mœurs, caractères et costumes, par Ernest Fouinet. Gr. in-8, cart. toile, *figures à deux teintes.*

BIBLIOTHÈQUE NATIONALE R.F. IMPRIMÉS

Modes.

222. Essais historiques sur les modes et la toilette française, par le chevalier de Villiers. 1824. 2 vol. in-18, v. jaspé, dent., *fig.*

223. Gravures des modes. 1835-38. 2 vol. gr. in-8. Recueil de *costumes coloriés.*

224. Journal des dames et des modes. Années 1811 à 1837 inclus. 27 vol. in-8, v. rac., dent. *Costumes coloriés.*

225. Petit courrier des Dames, ou Nouveau journal des modes, des théâtres, de la littérature et des arts. 1824 à 1844 inclusivement, moins l'année 1838. 20 vol. in-8, v. rac., dent. *Costumes coloriés.* (Collection uniforme.)

226. Paris élégant et Longchamps réunis, journaux de modes. 1838-44. 7 vol. gr. in-8, rel. et br. *Costumes coloriés.*

227. Le Voleur. 1832-33 et 1838 à 1841 inclusivement, plus 1842, 1er semestre et 1845 2e semestre. 12 vol. pet. in-fol., d.-rel. et cart.

228. Le Moniteur de la mode, journal du grand monde. 1843-1846. 5 tom. en 3 vol. gr. in-8, dem.-rel., mar. rou. 108 *pl. coloriées.*

229. La Gazette des salons, journal des dames et des modes. Année 1838. Gr. in-8, v. rose, rel. pleine. — Le petit Courrier des dames, journal de modes. 1838. Gr. in 8, v. vert, rel. pleine. — La Lanterne magique. Années 1834-35-36. En 2 vol. gr. in-8, d.-rel., v. bl. Ens., 5 vol. *Grand nombre de costumes coloriés.*

230. Les modes parisiennes, journal de la bonne compagnie. Juillet 1844 à juillet 1850. 6 années en 9 vol. in-4, cart. et en livraisons. Grand nombre de *figures coloriées.*

231. Toilette des dames, ou Encyclopédie de la beauté, dédié aux femmes aimables. 2 tom. en 1 vol. in-18, v. rac., dent.

232. Le petit magasin de modes, dédié aux dames. *Paris, S. D.* In-18, cart. 10 *pl. coloriées.* — Le petit modiste français. Premier cahier. 1819. Br. in-18. 4 *pl. coloriées.*

233. Le Miroir des grâces, ou Dictionnaire de parure et de toilette, par Mazeret et Perrot. 14 *pl. coloriées.* In-18. — Almanach des spectacles, par K. et Z. 1818. 10 *planch., cost. coloriés.* En 1 vol. in-18, v. rac. — Lettres sur la toilette des dames, par Mme Elise Voiart. 1822. In-18, br., *figure.*

234. Le règne de la mode, nouvel Almanach des modes ré-

digé par le caprice. 1823. In-18, br., *fig. coloriées.* — Petites étrennes, récréation de la mode, par Clavelin. 1821. In-18, br., *fig.*

235. Les fleurs naturelles employées à la parure pour bals et soirées, par J. Lachaume. *Planches coloriées.* 1847. In-12, br.—Les modes et les parures chez les Français, depuis l'établissement de la monarchie, etc., par Debay. 1857. In-12, br. *Figure.*

236. La Mésangère, recueil de gravures de meubles, etc. 3 vol. in-4, cart., n. rogn. 744 *planch. coloriées.*

237. MODES. Environ 30 vol. in-8 et gr. in-8 rel. et brochés, journaux de modes divers. 1829 à 1848. Le mode, t. I. — Mercure des salons, — La Psyché, — Le Follet, — Le Caprice, etc. Grand nombre de *figures coloriées.*

BELLES-LETTRES.

Linguistique, etc.

238. Dictionnaire du vieux langage françois, et supplément par Lacombe. *Paris*, 1766. 2 vol. in-8, br. en cart., *non rogné.*

239. Dictionnaire universel de la langue française, par Boiste. 1819. In-4 v., rac.

240. Grammaire de Nap. Landais, résumé général de toutes les grammaires françaises. *Paris*, 1836. In-4, br.

241. Vocabulaire des enfants, dictionnaire pittoresque illustré d'un grand nombre de petits dessins. 1839. Gr. in-8, cart.

242. Des homonymes français, par Philipon-la-Madeleine. Troisième édition. 1817. In-8, v. rac., dent.

243. Dictionnaire portugais et latin, par P.-J. de Fonseca. *Lisbonne*, 1791. In-4, d.-rel.

244. Harangues sur toutes sortes de sujets, avec l'art de les composer, dédiées à Mgr le chancelier. *Paris*, 1688. In-4, v. br., *portrait.*

245. Lycée, ou Cours de littérature ancienne et moderne ; par Laharpe. *Paris*, an VII. 16 vol. in-8, v. rac., dent.

246. Leçons françaises de littérature et de morale, par Noël et de La Place. *Paris*, 1828. 2 vol. in-8, d.-rel.

247. Dictionnaire de morale, de science et de littérature, par Capelle. 1810. 2 vol. in-8, v. rac.

248. Cours de littérature faisant suite au Lycée de La Harpe, par Boucharlat. 1826. 2 vol. in-8, d.-rel.

249. De la littérature, par Mme de Staël-Holstein. *Paris*. 2 vol. in-8, br.

250. De la littérature des nègres, par H. Grégoire, ancien évêque de Blois. *Paris*, 1808. In-8, cart.

251. De l'influence des femmes sur la littérature française, par Mme de Genlis. 1811. In-8, v. porph., dent., *portrait*.

Poésie.

252. L'Iliade et l'Odyssée d'Homère, trad. par Bitaubé. 1810. 6 vol. in-8, br. *Portraits*.

253. Fables d'Esope, représentées en figures avec les explications et les principaux traits de sa vie, gravées par les meilleurs artistes. *Paris*. In-4, br. 50 *figures*.

254. Manuelis philæ carmina ex codicibus Excurialensibus, Florentinis, Parisinis et Vaticanis, par E. Miller. *Paris, Imp. imp.* 1855. gr. in-8, d.-rel., v. fauve. *Tome 1er, seul paru*.

255. Publii Virgilii Maronis Bucolica, Georgica, et Æneis. R. Franc. Ph. Brunck. *Argentorati*, 1785. Gr. in-8, papier vergé, br.

256. Toutes les épigrammes de Martial, en lat. et en fr. *Paris*, 1842. 3 vol. in-8, br.

257. L'Enéide de Virgile, trad. en vers par J. Delille, 1809. 4 vol. gr. in-8, br.

258. Elegies de Tibulle suivies des Baisers de J. Second. trad. par Mirabeau. 1798. 3 vol. in-8, br. n. rog. 14 *figures de Borel*.

259. Les Métamorphoses d'Ovide, trad. par Dubois-Fontanelle. 1802. 4 vol. in-8, v. rac. *Portrait, figures de Moreau*.

260. Poésies de Marie de France poëte anglo-normand du XIIIe siècle. *Paris*, 1819. 2 vol. in-8, d. rel., dos et c. de v. vert. n. rog. *Figures*.

261. Œuvres choisies de Cl. Marot. *Paris, Janet et Cotelle*, 1826. In-8, br. *Portrait*.

262. Poésies complètes du chancelier de l'Hôpital, première traduction, annotée, etc. par Bandy de Nalèche, 1857. In-12 br.

263. Les Œuvres de M. de Voiture, nouvelle édition, publiée par Am. Roux. *Paris, Didot,* 1856. In-8, br.

264. Œuvres de Boileau-Despréaux avec un commentaire par de Saint-Surin. *Paris, Blaise,* 1821. 4 vol. in-8, d.-rel. dos et c. de v. ant., n. rog. *Portrait, figures.*

265. Œuvres de Boileau, illustrées par Tony-Johannot, Granville et Devéria, avec une notice par M. Daunou. *Paris,* 1840. Gr. in-8, br.

266. Contes et nouvelles de La Fontaine, édit. illust. par MM. Tony, Johannot, Devéria, Boulanger, Fragonard, etc. *Paris, Bourdin,* 1839. Gr. in-8, br.

267. Fables de La Fontaine, édition illustrée par T. Johannot, V. Adam et autres. *Paris,* 1846. Gr. in-8, cart. toile, tr. dor.

268. Fables de La Fontaine avec notes et 75 figures gravées sur bois. 1839. 2 vol. in-18. br., n. rog.

269. Fables de La Fontaine, *nouvelle édition. Alençon, Malassis* an IX. 2 vol. in-12, v. porph. Grand nombre de *figures sur bois.*

270. Œuvres inédites de Piron (prose et vers), accompagnées de lettres également inédites adressées à Piron par Mlles Quinault et de Bar, par H. Bonhomme. *Paris,* 1859. In-8, br. *Fac-simile.*

271. Œuvres complètes de Grécourt; nouv. édit. *Paris,* 1795. 4 vol. in-8, demi-rel.

272. Les Grâces. *Paris, Prault,* 1769. In-8, v. fauve, tr. dor. *Figures de Moreau.*

273. Œuvres complètes de Bertin, avec notes et variantes, précédées d'une notice historique sur sa vie. *Paris,* 1824. In-8, br. *Jolie figure de Desenne.*

274. Œuvres de Léonard, recueillies et publiées par Vincent Campenon. *Paris. Didot,* 1798. 4 tom. en 2 vol. in-8, v. rac.

275. Œuvres choisies de Parny. *Paris,* 1826. Gr. in-8, br. *Portraits.*

276. Œuvres choisies de Panard, publiées par Ar. Gouffé. 1803. 3 vol. in-18, rel. en v. rac., dent. *Portr.*

277. Œuvres de J. Chenier et d'André Chenier, revues et corrigées par Ch. Robert. *Paris*, 1826. 10 vol. in-8, br.

278. Poésies de Jos. Pain. *Paris*, 1820. In-8, br. *Fig*.

279. Douze journées de la Révolution, poésies, par Barthélemy. 1832. In-8, demi-rel. *Figures*.

280. Napoléon en Égypte, etc., par Barthélemy et Méry, illustré par Horace Vernet. Gr. in-8, cart. *Figures*.

281. Némésis, par Barthélemy. *Paris, Perrotin*, 1835. 2 vol. in-8, demi-rel. *Portraits*, 15 *figures*.

282. Les Gloires poétiques de la France, par Réné Muller, 1857. Gr. in-8, cart. toile, tr. dor. *Figures*.

283. Ch. Malo. La Corbeille de fruits. — Les Papillons. — Les Insectes. — La Guirlande de Flore. — Le Parterre de Flore. *Paris, L. Janet, S. D.* 5 vol. in-18, v. j., dent. *Figures coloriées*.

284. Poésies et Nouvelles, par Mme d'Arbouville. 1855. 3 vol. in-8, br.

285. Petite encyclopédie pratique, publiée (par Capelle). *Paris*, 1804. 15 vol. in-18, v. rac., dent.

286. Les Jardins, ou l'Art d'embellir les paysages, poëme, par Delille. 1844. Gr. in-8, cart. *Figures, édition illustrée*.

287. Fables de Florian, illustrées par Victor Adam, précédées d'une notice par Ch. Nodier. *Paris, Delloye*, 1838. Gr. in-8, br. *Figures*.

288. The Living Poets of England specimens of the Living British Poets. 1827. 2 vol. in-8, v. fauve, fil.

289. Finden's Tableaux ; the Isis of Prose, Poetry, and art. for. 1841. *London*. In-fol., mar. vert., tr. dor. *Riche reliure*.

290. Les Luciades, ou les Portugais, poëme de Camoëns, en dix chants, trad. nouv., avec notes par Millié. *Paris, Didot*, 1825. 2 vol. in-8, cart., non rogné.

291. Œuvres poétiques complètes de Adam Mickiéwicz, par Ch. Ostrowski. 3e édition. *Paris*, 1849. 2 vol. in-12, br. *Planches*.

Chansonniers et recueils de chansons.

292. Le Chansonnier du bon vieux temps, ou Recueil choisi

de romances, chansons, vaudevilles, publiés pendant les XVe, XVIe et XVIIe siècles et une grande partie du XVIIIe. 1809. 2 vol. in-18, v. rac. *Figures.*

293. Chants et Chansons populaires de la France. *Paris, Delloye.* 3 vol. gr. in-8, reliés en un. *Figures.*

294. Chants et Chansons populaires de la France ; nouvelle édition, avec airs notés et accompagnement de piano. *Paris, Plon,* 1848. Gr. in-8, br. *Jolies vignettes.*

295. Chansons de Béranger. *Paris, Perrotin,* 1829. 4 tom. en 2 vol. in-12, demi-rel., dos et c. de v. aut., non rogné. *Portrait, fac-sim.*

296. Chansons de Béranger. *Paris, Perrotin,* 1831. 2 vol. in-18. — Supplément. 1 vol. in-18. Ens., 3 vol., br.

297. Chansons morales et autres, par Béranger, convive du Caveau. — L'Enfant lyrique du carnaval. 1816. — Désaugiers et ses amis, ou Recueil lyrique et bachique en l'honneur de Désaugiers. — Romances et chansons diverses. — Le Caveau moderne, ou le Rocher de Cancale. 1813. Ens., 5 vol. rel. en 3 vol. in-18, v. rac., dent. *Figures et portraits.*

298. Chansons inédites de Béranger, suivies du procès. 1828. In-32, br. — Couronne poétique de Béranger, recueillie par Gérard. 1829. In-32. — Visite à Béranger et séance d'improvisation dans sa maisonnette de Fontainebleau, par Eug. de Pradel. 1836. In-8, br. — Quarante-cinq lettres de Béranger et de faits sur sa vie, par Mme Louise Colet. 1857. In-18, br. Ens., 4 vol.

299. Chansons de P. J. Béranger. 1821. 2 vol. en 1. — Procès fait aux chansons de Béranger. 1821. 1 vol. — Airs anciens et nouveaux des chansons de Béranger, publiées par Richard. — Printemps. 1 vol. Ens., 4 tom. en 3 vol. in-12, v. rac., dent. *Portrait.*

299 *bis.* — Les mêmes, brochées. 4 vol. in-12.

300. Béranger et ses chansons, par Jos. Bernard, 1858. Gr. in-8, br.

301. Chansons et Poésies diverses, par Désaugiers. *Paris,* 1827. 4 tom. en 2 vol., dem.-rel., dos. et coins de v. fau., non rogné. *Portrait.*

302. Nouvelle anthologie, ou choix de chansons anciennes et nouvelles, publiées par L. Castel. 1 vol. in-32. — Supplément. 1 vol. *Paris,* 1827-1832. 2 vol. in-32, br.

303. Choix des chansons de Philippon de la Madeleine. 1810. In-18, v. rac. — Macédoine, ou Poésies et chansons critiques, badines ou grivoises de F. A. Léger. 1819. In-18, br. Ens., 2 vol.

304. La Musette du vaudeville, ou nouvelle Clef du Caveau. Recueil complet des airs, de J.-D. Doche. Pet. in-8 oblong. *Musique gravée.*

305. La Galerie des Badauds célèbres, ou Vivent les Enfants de Paris ! Chansonnette biographique, par Jacquelin. 1816. In-18, br. *Papier vélin.*

306. Paris chantant. Romances, chansons et chansonnettes contemporaines. 1844. 16 *livraisons*, gr. in-8, *figures.*

Romans, contes, etc.

307. L'Hystoyre et plaisante cronicque du petit Jehan de Saintré et de la jeune dame des Belles-Cousines. Publié d'après les manuscrits, par J.-M. Guichard. *Paris*, 1843. In-12, br.

308. Contes de Boccace (le Décaméron), trad. par A. Barbier, vignettes de Tony-Johannot, C. Nanteuil, Granville, etc. *Paris, Barbier*, 1846. Gr. in-8, dem.-mar. vert, dos et c., fil.

309. Contes du temps passé, par Ch. Perrault. *Paris, Curmer*, 1843. Gr. in-8, cart. *Figures.*

310. Aventures de Télémaque, par Fénelon, avec une notice, par Villemain. 1824. 2 vol. in-8, br., n. rog. *Pap. vélin.*

311. Histoire de Manon-Lescaut et du chevalier des Grieux, par l'abbé Prévost. Edit. illustrée par Tony-Johannot, précédée d'une notice hist. sur l'auteur, par J. Janin. *Paris, E. Bourdin*. Gr. in-8, br.

312. Histoire de Gil-Blas de Santillane, par Le Sage, vignettes par J. Gigoux. *Paris, Paulin*, 1836. Gr. in-8, bas. rac. *Port. et front. sur chine.*

313. Mémoires du comte de Grammont, par Hamilton. 1838. In-8, demi-rel.

314. Recueil amusant de voyages, en vers et en prose (par Courel de Villeneuve). *Paris*, 1786. 7 vol. in-12, v. mar.

315. Voyages en France et autres pays, en prose et en vers, par Racine, Lafontaine, Chapelle et Bachaumont, Piron, etc.,

4e édition. *Paris*, 1824. 5 tomes en 3 vol. in-12, v. rac., dent. *Figures*.

316. Paul et Virginie, par Bernardin de Saint-Pierre. *Paris, Curmer*, 1838. Gr. in-8, riche dem.-rel., maroq. v., tr. dor. *Figures sur papier de Chine.*

317. Histoire du roi de Bohême et de ses sept châteaux, par Ch. Nodier. *Paris*, 1830. In-8, dem.-rel., dos et c. de v. fau., n. rog. *Exemp. lavé et encollé*.

318. Raison, Folie, petit cours de Morale, mis à la portée des vieux enfants, par Lemontey. 1816. 2 vol. in-8, v. rac., dent.

319. Les Folies du siècle. Roman philosophique, par de Lourdoueix. 1818.

320. Les Charlatans célèbres, ou tableau hist. des bateleurs, des baladins, des jongleurs, des bouffons, des filous, des escrocs, devins, etc., 2e édition. *Paris*, 1819. 2 tomes en 1 vol. in-8, dem.-rel.

321. Dictionnaire comique, satyrique, critique, burlesque, libre et proverbial, par J. Leroux. *Pampelune*, 1786. 2 vol. in-8, dem.-rel.

322. Dictionnaire des Proverbes français, par de La Mésangère. 1821. In-8, v. rac., dent.

323. Dictionn. de Maximes, pensées, sentences, réflexions, etc., par Hennequin. 1828. In-8, br.

324. Amusements philologiques, ou Variétés en tous genres, par Gabriel Peignot. 1824. In-8, br.

325. Potieriana, ou Recueil des calembours, jeux de mots, etc., de Potier, acteur des Variétés. 1814. In-18, br. *Figure coloriée.*

326. Petit Dictionnaire d'anecdotes, par J. Fr. Bastien. 1820. 3 vol. in-18, v. rac. — Dictionnaire d'anecdotes, par Cousin D'Avalon. 1825. In-12, v. rac. — Dictionnaire d'anecdotes suisses. 1823. In-18, br. — Choix d'anecdotes anc. et mod. 1824. 4 tom. en 2 vol. in-18, cart. Ens., 7 vol.

327. Anecdotes, bons mots, calembours, etc. 25 vol. in-12 et in-18, rel. et br.

328. *Recueil d'Anas*, publié par Cousin d'Avalon, savoir : Scarroniana. — Molierana. — Delilliana. — Rivaroliana. —

Gasconiana, — L'Esprit du bon vieux temps. — Pironiana. — Fontenelliana. — Bonapartiana. — Bievriana. — Malesherbiana. — Rousseliana. — Rousseana. — Diderotiana. — Voltairiana. — Arlequiana. — Malherbiana. — Beaumarchaisiana. — Gastronomiana. — Carnavaliana et Caremiana. — Encyclopediana. — Asiniana. — Dalembertiana. — Grimmiana. — Henriciana. — Fontanesiana. — Genlisiana. — Staelliana. — Chateaubriandiana. — Pradtiana. — Gregoiriana. *Paris*, 1800-1820. 32 vol. in-18, rel. en 16 vol. *Portraits, figures noires et coloriées.*

Collection difficile à réunir.

329. Scènes de la vie privée et publique des animaux, vignettes par Granville. Etudes de mœurs contemporaines, par Stahl, etc. *Paris, Hetzel*, 1842. 2 vol. gr. in-8, d.-ch. r.

330. Jérome Paturot à la recherche de la meilleure des Républiques, par L. Reybaud. 1849. Gr. in-8, illustré, cart. toile, tr. dor.

331. Le monde tel qu'il sera, par Em. Souvestre. Gr. in-8, illustré, cart.

332. L'Été à Bade par Eug. Guinot. Gr. in-8, cart. toile, tr. dor. *Figures.*

333. Le Miroir des salons, scènes de la vie parisienne, par Mme de Saint-Surin. *Paris, L. Janet.* Gr. in-8, cart. toile. tr. dor, *figures.*

334. Petites misères de la vie humaine, par Old Nick et Grandville. 1843. Gr. in-8., illustré, cart.

335. La Case du père Tom, ou Vie des nègres en Amérique, par H. Beecher Stove, trad. par de la Bédollière. 1853. Gr in-8., illustrée, cart. toile, tr. dor.

336. Une Saison à Aix-les-Bains, par Amédée Achard, illustrée par Eug. Ginain. *Paris, Bourdin.* Gr. in-8, br.

337. Petites misères de la vie conjugale, par H. de Balzac, illustrées par Bertall. *Paris.* Gr. in-8, cart.

338. Un hiver à Paris, par Jules Janin, *Paris, Curmer.* 1843. Gr. in-8, rel., *jolies gravures.*

339. Voyage à ma fenêtre, par Arsène Houssaye. *Paris, Vict. Lecou.* Gr. in-8, br., *figures.*

340. L'Été à Paris, par J. Janin. *Paris, Curmer.* Gr. in-8, d.-rel., *figures.*

341. Le Foyer breton, traditions populaires, par E. Souvestre, illustré par Tony-Johannot, O. Penguilly, A. Leleux, etc. *Paris, Coquebert.* Gr. in-8, br.

342. Histoire pittoresque, dramatique et caricaturale de la sainte Russie, commentée et illustrée de 500 gravures par Gust. Doré, grav. sur bois. *Paris*, 1854. Gr. in-8, br.

343. Grandeur et décadence d'une serinette, par Champ-Fleury. 1857. Pet. in-8, cart. toile, tr. dor., *figures*. — Paris dans l'eau, par Briffault, illustré par Bertall. 1844. Petit in-8, cart.

344. L'Elite, livre des salons, par Em. Deschamps, P. Féval, Lottin de Laval, Eug. Sue et autres. *Paris, Louis Janet.* Gr. in-8, cart. toile, tr. dor., *figures*.

345. Le Tour du monde ou une Fleur de chaque pays, etc., par Champagnac. 1848. Gr. in-8, illustré, cart. toile, tr. dor.

346. Voyage en zigzag, par Topffer. 1844. Gr. in-8, illustré, cart.

347. Nouveaux voyages en zigzag à la Grande-Chartreuse, autour du Mont-Blanc, etc., par Topffer. 1854. Gr. in-8, cart. toile, tr. dor., *figures*.

348. Le roi Voltaire, par A. Houssaye. 1858. In-8, br.

349. Paris-Londres. Keepsake français. 1837. Nouvelles inédites illustrées par 26 vignettes gravées à Londres. Id. 1838. — Ibid. 1839. Ensemble, 3 vol. gr. in-8, v. viol., fil., 78 *figures*.

350. Sous la neige, chacun son récit. Gr. in-8, cart., toile, tr. dor.

351. Le Foyer du Presbytère, par de Limagne. *Paris*, Mandeville. Gr. in-8, cart. toile, tr. dor., *figures*.

352. Heures de récréation, etc. *Paris, L. Janet.* Gr. in-8, cart. toile, tr. dor., *figures*.

353. Une Partie de campagne, impressions de voyage de Paris à Suresnes, par Stephen de la Madeleine. 1847. Gr. in-8, cart. toile, tr. dor., *figures*.

354. Confession générale, par Fréd. Soulié. 1857. 2 vol. in-8, brochés.

355. Les Grotesques, par Théophile Gautier. 1843. 2 vol. in-8, brochés.

356. Servitude et grandeur militaire, par Alfred de Vigny. 1857. In-8, br.

25 exemplaires.

357. Le Roi du monde, histoire de l'argent et de son influence, par Em. Souvestre. *Paris*, 1854. 2 vol. gr. in-8, br., *figures*.

358. L'Hermite de Belleville, ou Choix d'opuscules politiques, littéraires et satiriques, de Ch. Colnet. *Paris*, 1833. 2 vol. in-8, br.

359. Mémoires d'un cadet de famille, par Trefawney, compagnon de lord Byron. 1833. 3 vol. in-8, demi-rel.

360. Œuvres complètes de Walter Scott. *Paris*, *Bry*. 6 vol. in-4, demi-rel., *figures*.

361. The Rambler; by Samuel Johnson. *London*, 1826. In-8, mar. rouge, fil., *portrait*, *figures*.

362. Le Rôdeur, trad. de l'anglais du docteur Jonhson, par Lambert, baron de Chamerolles. *Paris*, 1826. 5 vol. in-8, br.

363. Les Mille et une Nuits, contes arabes, trad. par A. Galland, suivis de nouveaux contes de Caylus, etc., avec une préface historique par J. Janin. *Paris*, *Pourrat*, 1839. 4 vol. gr. in-8, br., *figures*.

364. Charles Nodier. Romans. *Paris*, *Charpentier*, 1840. 1 vol. — Nouvelles vieilles et nouvelles. 1846. Ens., 2 vol. in-12, brochés.

365. 5 vol. in-12, br., format Charpentier. — Messieurs les Cosaques, par Delord. — Œuvres comiques de Cyrano de Bergerac, par L. Jacob. — Mémoires de Benvenuto Cellini, trad. par Léclanché. — Histoire de Scanderberg, par C. Paganel. — Obermann, par de Senancour.

366. 4 vol. in-12, format Charpentier. — Harmonies économiques, pas Bastiat. — Contes nocturnes de Hoffmann, trad. par Christian. — Lettres parisiennes, par Mme de Girardin. — Les Caractères de La Bruyère.

367. 9 vol. in-12, format Charpentier, ouvrages d'Arsène Houssaye. — Galerie du XVIIIe siècle, 3 vol. — Galerie de portraits du XVIIIe siècle. — Histoire du 41e fauteuil de l'Académie. — Les Filles d'Eve. — Philosophes et Comédiennes. 2 vol. — Romans, contes et voyages.

368. 9 vol. in-12, br., format Charpentier, de G. Sand. — An-

dré. 1 vol. — Horace, 1 vol. — Indiana, 1 vol. — La dernière Aldini, 1 vol. — Lélia, 2 vol. — Leonce Lelia, 1 vol. — Mauprat, 1 vol. — Mélanges, 1 vol.

369. Nouvelles à la main, décembre 1840 à février 1842. 5 vol. in-18, cart. — Historiettes contemporaines, Courrier de la ville, par E. Briffault, janvier à septembre 1842. 9 numéros en 2 vol. in-18, cart. Ens., 7 vol.

Ouvrages illustrés pour la jeunesse.

370. Les Ecoles royales de France ou l'Avenir de la jeunesse, par de Saillet. Gr. in-8, cart. toile, *figures*. — Les Enfants peints par eux-mêmes, par de Saillet. 1842. Gr. in-8, cart., *figures*.

371. Bibliothèque historique de la jeunesse, par Eug. Foa. Gr. in-8, cart. toile, tr. dor., *fig*.

372. Prose et poésies. Historiettes morales, par Mme Louise Collet, 1846. Gr. in-8 illustré, cart. toile, tr. dor.

373. Le Soir et le Matin de la vie, ou conseils aux jeunes filles, par la comtesse de Bassanville. Gr. in-8 illustré, cart. toile, tr. dor.

374. Les Délassements utiles, par de Saillet, cart. toile, tr. dor., *fig*.

375. Les Matinées du printemps, ou Récits, etc., par Champagnac. 1847. — L'Hiver au coin du feu, par le même. 1845. Ens., 2 vol. gr. in-8, cart. toile, tr. dor.

376. Vingt nouvelles morales illustrées. — L'Ange de paix, par Mme Manceau. — Quinze jours de traversée en Amérique, par Mme Mallet. Ens., 3 vol. gr. in-8, cart., *fig*.

377. Le Livre de mon fils. — Le Livre de ma fille. *London*, *Fisher*. 2 vol.-in-12, cart. toile, tr. dor., *fig*.

378. La Bouillie de la comtesse Berthe, par A. Dumas, illustrée par Bertall. 1845. Pet. in-8, cart. — Histoire du véritable Gribouille, par G. Sand. 1851. Pet. in-8, cart. toile, tr. dor., *fig*.

379. Vies des enfants célèbres, par Caboche-Demerville. 1842. Gr. in-8, cart., *fig*.

380. Historiettes et images, texte par Savigny, illustrées de 790 dessins par Granville, Daumier, Johannot, etc. In-4, cart.

381. Les Sentiers fleuris de la jeunesse, recueil de nouvelles, par la comtesse de Bassanville. Gr. in-8, cart. toile, tr. dor., *fig.*

382. Les artisans illustres, par E. Foucaud, sous la direct. de MM. le baron Ch. Dupin et Blanqui aîné. *Paris*, 1841. Gr. in-8, br., *port. et vignettes.*

383. La Morale en images. — Contes de ma mère, par Castellan, Lassine, etc. *Paris, Aubert*. Gr. in-8, d.-rel., *fig.*

384. Heures du soir de la jeunesse. 1858. Gr. in-8, cart. toile, tr. dor., *fig.*

385. Vocabulaire des enfants, dictionnaire pittoresque illustré. 1839. Gr. in-8, cart.

386. Berquin. L'Ami des enfants et des adolescents. 1845. Gr. in-8, cart., *fig.*

387. Les Veillées du Château, ou cours de morale à l'usage des enfants, par Mme de Genlis. 1803. 2 vol. in-8, v. rac., dent., *portrait.*

388. Le Portefeuille de la jeunesse, ou la morale et l'histoire enseignées par des exemples, par J. N. Bouilly. 1838. 13 vol. in-18, v. rac., *portraits, fig.*

389. Les Enfants peints par eux-mêmes, par de Saillet. 1841. Gr. in-8, br., *fig.*

390. La Famille, par Dargaud. 1853. In-8, br.

391. Le Livre des familles, journal de M. le curé. 1844. Gr. in-8, cart., *fig.* — Revue illustrée de la jeunesse, journal des familles. 1845. Gr. in-8, cart., *fig.*

392. Le Livre des familles, ou Journal de M. le curé. 1846. Gr. in-8, d.-rel. toile, *fig.*

393. Contes du grand-papa, par MM. de Savigny, L. Guérin, Eug. Foa, etc. Dessins, par Vict. Adam, J. David, Devéria, Johannot, etc. *Paris, Aubert, S. D.* Gr. in-8, cart., *fig.*

394. Contes de la bonne-maman, par MM. de Savigny, L. Guérin, Eug. Foa. Dessins de Charlet, J. David, Johannot, etc. *Paris, Aubert*. Gr. in-8, cart.

395. De J. N. Bouilly. — Contes populaires. — Contes à mes petites amies. — Causeries d'un vieillard. — Nouvelles Causeries. — Les Adieux du vieux Conteur. — Encouragements

de la jeunesse. — Les jeunes Femmes. — Contes à ma fille. — Conseils à ma fille. — Contes aux enfants. — Les Mères de familles. Ensemble, 19 vol. in-12, v. rac., *fig.*

396. J. M. Bouilly. Mes Récapitulations, 3 vol. in-12, d.-rel., *portraits.* — Le vieux Glaneur, par le même. In-12, v. rac. dent., *figures anglaises.*

397. Mme Guizot. Nouveaux Contes. — Les enfants, contes. — L'Écolier. — Une famille. Ens., 8 vol. in-12, cart. toile, tr. dor., *figures.*

398. Marie, ou la jeune Institutrice, etc., par Ulliac-Trémadeure. 1835. Cart. toile, tr. dor., *figures coloriées.*

399. Le Magasin des enfants, par Mme Leprince de Beaumont. 1843. Gr. in-8, cart., tr. rog., *figures.*

400. Le Voyageur de la jeunesse, par P. Blanchard. 1804. 6 vol. in-12, bas., *figures.*

401. Récréations instructives, voyage pittoresque à travers le monde, par A. Saint-Aulaire. In-4, cart. toile, tr. dor. *figures coloriées.*

402. Contes d'une vieille fille à ses neveux, par Mme Emile de Girardin. Gr. in-8, cart. toile, tr. dor., 14 *figures.*

403. Education morale populaire, imitée de l'italien de César Cantu, par Mme Amable Tastu. 1842. 2 vol. in-12, d.-rel. mar., *figures.*

404. Les Contes du jour de l'an, par Léo Lespès, 1853. Gr. in-8, cart. toile, tr dor., *figures.*

405. Mythologie pittoresque, ou histoire méthodique universelle des faux dieux de tous les peuples anciens et modernes, par J. Odolant-Desnos. 4e édit. *Paris*, 1849. Gr. in-8, d.-chag. n., fil., *figures.*

406. La Morale en action, ou les bons Exemples, par MM Benj. Delessert, et Gérando. *Paris*, 1842. Gr. in-8, br., *illustré de 120 dessins de J. David.*

407. Le Dimanche des enfants, journal des récréations. 13 vol. in-8, cart., *figures.*

408. 50 volumes, livres d'éducation. Cartonnages toiles, tr. dor. In-8 et in-12.

Ce lot sera divisé.

THÉATRE.

Art dramatique. — Histoire du théâtre. — Biographie théâtrale. — Costumes et portraits d'acteurs et d'actrices.

409. Cours analytique de littérature générale (dramatique), par Lemercier. 1817. 4 vol. in-8, br.

410. Etudes sur l'art théâtral, suivies d'anecdotes inédites sur Talma, etc., par Mme Ve Talma. *Paris*, 1836. In-8, br., *portrait*.

411. De l'Art de la comédie, par de Cailhava. 1786. 2 vol. in-8, v. m.

412. Cours de littérature dramatique, par Geoffroy. 2e édit. *Paris*, 1825. 6 vol. in-8, br.

413. Cours de déclamation, par Larive. 1804. In-8, br.

414. La Danse et les Ballets depuis Bacchus jusqu'à Mlle Taglioni, par Castil-Blaze. 1832. In-12, cart. — Annales de la musique, ou Almanach musical, 1819. In-18, br. — Physiologie des bals de Paris. — Mabille et le Château-Rouge. —Lola Montès, Aventures de la célèbre danseuse.— L'Opéra depuis son origine. 1845-1846. Ens., 2 vol. et 3 br.

415. Histoire de l'établissement des théâtres en France. 1817. — Vocabulaire des Fr.-Maçons. — Les Friponneries de Londres. In-12, cart., *figures*.

416. Bibliothèque des théâtres, contenant le catalogue des pièces dramatiques, opéra, parodies, etc., avec des anecdotes, 1733. In-8, v. m., *front gravé*.

417. Recueil des spectacles donnés devant Leurs Majestés, à Versailles et à Choisy, pendant l'année 1774. Gr. in-8, v. m.

418. Les Spectacles de Paris, année 1785. In-24, v. m., tr. dor. Almanach des spectacles. Années 1822, 1825, 1827, 1831, 1831-34 et 1835. Ens., 4 vol. in-18, br.—Annuaire dramatique de la Belgique. 1839 et 1840. 2 vol. Ens., 7 vol.

419. Mémorial dramatique, ou Almanach des théâtres. 1807, 1809, 1817, 1818, 1819. Ens., 5 années ou vol. In-18, br., n. rog., *portrait de Mme Belmont et de Talma*.

420. Annuaire dramatique, contenant l'indication des diverses

agences des spectacles... pièces et noms d'auteurs morts ou vivants, etc. Années 1806, 1807, 1811, 1812, 1813, 1814, 1815, 1817, 1820. Ens., 9 vol. ou années. rel., et br., *portraits d'actrices.*

421. 11 *brochures et vol. in-18 et in-8.* Dormeuil. Réflexions sur les théâtres. — Lettres à M. de La Rochefoucauld sur les théâtres. — Mystères galants des théâtres. — Anecdotes théâtrales. — L'Indiscret, souvenir des coulisses. — Manuel des vaudevillistes. — Histoire populaire des théâtres de Paris. — Histoire de l'Ambigu. — Les spectateurs de Paris. — Revue amusante.

422. Dictionnaire des théâtres, par de Léris. 1763. In-8, v. m. —Dictionnaire théâtral. 1824. In-12, cart.—Dictionnaire des coulisses, par J., le Souffleur. 1835. In-18, cart. Ensemble. 3 vol.

423. Code théâtral, par Rousseau. 1829. In-18, br. — L. Gallois, le Citateur dramatique. 1822. In-18, br.— Manuel dramatique, par Geoffroy. 1822. In-18, v. rac. — Almanachs des spectacles, par Duchesne. 1815. In-18, v. rac. Ensemble. 5 vol.

424. Mémoire à consulter sur la question de l'*excommunication,* que l'on prétend encourue par le seul fait d'*acteurs de la Comédie-Française* (par Huerne de La Mothe). 1761. In-12, br., n. rog., 255 *pages.*

425. Histoire anecdotique du théâtre, de la littérature, etc., par Ch. Maurice. *Paris,* 1856. 2 vol. in-8, br., *grand nombre de fac simile.*

426. Notice sur l'enterrement de Mademoiselle Raucourt, actrice du Théâtre-Français, morte le 15 janvier 1854. *Paris,* 1821. Br. in-8, pap. vél., *figure.*

427. Mémoires de Lekain, précédés de réflexions sur cet artiste et sur l'art théâtral, par Talma. 1825. In-8, br.

428. Vie de Talma. 1826. In-24. — Chefs-d'œuvre d'Odry. 1826. In-24. — Duprez, sa vie artistique, par Elwart. 1838. In-18, br. Ensemble, 3 vol., *portrait.*

429. Mémoires de mademoiselle Sophie Arnould, recueillis et publiés par le baron de La Mothe-Langon. 1837. 2 tom. en 1 vol. in-8, cart., portrait ajouté. — Esprit de Sophie Arnould. 1813. In-18, br. Ensemble, 2 vol.

430. Mémoires historiques et littéraires sur F.-J. Talma, par Moreau. 1826. In-8, br., *portrait, fac-sim.*

431. Mémoires de Molé. — Le Comédien, par Rémond de Sainte-Albine. 1825. In-8, br.

432. Mademoiselle Mars, notice avec un autographe fac-simile. 1847.— Souvenirs anecdotiques de mademoiselle Mars, par Elisa Alacloque. 1847. — Mademoiselle Mars, sa vie, ses succès, sa mort, par E. M. 1847. Ensemble, 3 *brochures*.

433. Mémoires de mademoiselle Flore, artiste des Variétés. 1845. 3 vol. in-8, dem.-rel., mar. bl.

434. Charlotte Ackermann, souvenirs de la vie d'une actrice de Hambourg au dix-huitième siècle, par Otto Müller, trad. de J. Porchat. *Paris*, 1857. In-8, br.

435. Collection des mémoires sur l'art dramatique. *Paris*, 1822. 4 vol. in-4, br. — Mémoires de Clairon. — Mémoires sur Molière, sur Baron et mademoiselle Lecouvreur.— Mémoires de Fréville et de Dazincourt. — Mémoires de mademoiselle Dumesnil.

436. Mémoires d'un claqueur, etc., par Robert. 1829. In-8, br., *figure*.

437. La jeune Rachel et la vieille Comédie-Française. 1838. In-12, br., *portrait*.— Rachel, détails inédits avec un autographe, par Mantel. 1858. In-18, br.

438. Virginie Déjazet, par Eug. Pierron. 1856. In-12, br., *portrait, fac-sim.* — Le Perroquet de Déjazet, recueil de bons mots de cette actrice. 1837. In-18.

439. Revue des Comédiens, ou Critique raisonnée de tous les acteurs, danseurs et mimes de la capitale. *Paris*, 1808. 2 vol. in-18, br.

440. Chronique des petits théâtres de Paris, par M. Brazier. 1837. 2 vol. in-8, br.

— Le même, dem.-rel. mar. vert. 2 tom. en 1 vol.

441. Les petits Mystères de l'Opéra, par Alberic Second, illustrations par Gavarni. 1844. In-8, br., *fig. sur bois*.

442. Les Mystères des théâtres de Paris, Observations!! Révélations!!! par un vieux comparse. 1844. In-12, br., *figures*.

443. *Théâtre*. Biographies. 13 vol. in-12 et in-18, savoir : Petite biographie dramatique, par Guill. Le Flâneur. — Les plus jolies actrices de Paris. — Madame H.-Rosine Stoltz. — Petite biographie des acteurs. — Grande biographie dramatique. — Dictionnaire théâtral, etc.

444. Les Coulisses, journal des théâtres, etc. 1841-42. In-fol., dem.-rel., *portraits*.

445. Collection des feuilletons de journaux. 1801-1811. — Le Publiciste. — La Gazette de France.— Journal de l'Empire. — Théâtres, etc. 8 vol. in-8, cart. oblong.

---

446. Etrennes de Thalie, ou Précis historique sur les acteurs et actrices célèbres des trois grands théâtres de la capitale, suivi d'un choix d'anecdotes dramatiques et d'un traité de déclamation. *Paris*, 1811. In-32, v. rac., 60 *portraits coloriés*.

447. Les fastes de la Comédie-Française et portraits des plus célèbres acteurs, par Ricord aîné. 1821. 2 tom. en 1 vol. In-8, dem.-rel.

448. Les Souvenirs et les Regrets d'un vieil amateur dramatique. *Paris*, 1829. In-12, dem.-rel. maroq., pap. vergé fort. 36 *figures parfaitement coloriées et rehaussées d'or et d'argent*.

449. Petite Galerie dramatique, ou Recueil de différents costumes d'acteurs des théâtres de la capitale. *Paris*, *Martinet*. 12 vol. et livraisons gr. in-8, dem.-rel., mar. r.

Cet ouvrage contient plus de 1300 costumes coloriés.

450. Galerie dramatique, costumes des théâtres de Paris, par MM. Dollet, Lacauchie et L. Lassalle. *Paris*, *Martinet*. 3 vol. gr. in-8, d.-m. v., *cont. environ* 300 *costumes coloriés*.

451. Galerie théâtrale, ou collection de portraits en pied des principaux acteurs des trois premiers théâtres de la capitale. Gravé par les plus célèbres artistes. *Paris*, *Bance*, *S. D.* 3 vol. pet. in-fol., d.-rel., v. rose, 144 *portraits*.

452. Galerie des artistes dramatiques de Paris. *Paris*, 1842. 2 vol. gr. in-4, d.-rel., 80 *portraits*.

453. Album des théâtres par Guyot et Debacq. 1837. Gr. in-8, br. *Première année. Grand nombre de figures sur bois.*

454. Album de l'Opéra. Principales scènes et décorations les plus remarquables, etc. *Paris*, *Challamel*. Gr. in-4, cart., *figures*.

455. Collection de figures du théâtre de Scribe, en 1 vol. gr. in-8, d.-bas. v.

456. 53 pièces. Gravures et lithographies noires et coloriées, portraits d'acteurs et d'actrices et costumes. Format in-8.

Auteurs dramatiques. — Pièces de théâtre.

457. Les Œuvres de M. de Molière. *Paris*, 1739. 8 vol in-12, v. m., *figures* de Boucher.

458. Œuvres complètes de Molière avec des notes extraites des meilleurs commentateurs, par J. Simonnin. *Paris*, 1825. Gr. in-8 à deux colonnes, d.-mar. r., n. rog., *portrait*.

459. Œuvres de Molière, précédées d'une notice sur sa vie et ses ouvrages, par M. Sainte-Beuve, vignettes par Tony Johannot. *Paris, Paulin*, 1835. 2 vol. gr. in-8, cart.

460. Théâtre de P. Corneille, avec des commentaires (par Voltaire). 1764. 12 vol. in-8, v. mar., *figures de Gravelot*.

461. Œuvres complètes de P. Corneille, avec les commentaires de Voltaire et les jugements de La Harpe. *Paris, Janet et Cotelle*, 1821. 12 vol. in-8, d.-rel. v. bl., *portrait*.

462. Œuvres complètes de Regnard, avec des avertissements et des remarques sur chaque pièce, par Garnier, nouvelle édition. *Paris*, 1820. 6 vol. in-8, br., *portrait*.

463. Œuvres dramatiques de M. Destouches, nouvelle édition précédée d'une notice sur la vie et les ouvrages de cet auteur. *Paris*, 1820. 6 vol. in-8, br., *portrait et fig*.

464. Œuvres de Luce de Lancival. 1826. 2 vol. in-8, br. *portrait*.

465. Œuvres de Vadé, ou recueil des opéras comiques, parodies, etc., qu'il a donnés depuis quelques années, etc., avec les airs. 1755. 2 vol. in-8, v. m.— Contes de Guillaume Vadé. 1764. In-8, v. m. Ensemble, 3 vol.

466. Œuvres de Collin-Harleville, contenant son théâtre et ses poésies fugitives, avec une notice sur sa vie et ses ouvrages. *Paris*, 1828. 4 vol. in-8, br., *portrait*.

467. Œuvres d'Andrieux, membre de l'Institut. *Paris*, 1818. 4 vol. in-8, br., *portr*.

468. Œuvres choisies de Scribe. *Paris, Didot*, 1845. 5 vol. in-12, br.

469. The dramatic works of Williams Shakspeare, with glosserial notes. *London*, 1836. In-8, cart., toile angl., *portraits, nombreuses figures sur bois*.

470. Le théâtre anglais. *Londres*, 1746. 4 vol. in-12, v. m.

471. Le théâtre italien de Gherardi. *Paris*, 1717. 6 vol. in-12, v. mar., *figures*.

472. 274 pièces de théâtre. 1793-1835, en 21 recueils ou vol. in-8, d.-rel.

Intéressante collection, renfermant un grand nombre de pièces peu communes, et dont presque chacune des pièces est ornée de portraits coloriés d'acteurs et d'actrices représentés dans leurs rôles.

473. 200 pièces de théâtre. 1745-1790, en 21 vol. in-8, cart.

474. 1,800 pièces environ, tragédies, comédies, drames, vaudevilles, etc. 1830 à 1845. La plupart de la collection du magasin théâtral publié par Marchant, avec vignettes en tête de chaque pièce. 29 vol. gr. in-8, d.-rel., et 15 vol. gr. in-8, d.-rel. toile. Ensemble, 44 vol.

Collection peu commune et difficile à réunir.

475. 400 pièces de théâtre modernes, publiées par Michel Lévy. Format gr. in-8 en livraisons.

476. 167 pièces de théâtre modernes, publiées par Michel Lévy. 1850-1859. Format in-12, *brochées*.

Polygraphes et Epistolaires.

477. Œuvres complètes de P. B. de Brantôme et d'André, vicomte de Bourdeille, édition revue par Buchon. *Paris. Panthéon littéraire*, 1843. 2 vol. gr. in-8, br.

478. Œuvres complètes de La Fontaine. *Paris, Baudouin*, 1826. Gr. in-8, br., *portrait*, 30 *vignettes*. (*Edition microscopique*.)

479. Œuvres complètes de J. de La Fontaine, avec des notes, et une nouvelle notice sur sa vie, par A. Walckenaër. *Paris, Didot*, 1840. Gr. in-8, br., à 2 col., *portrait*.

480. Œuvres de Vauvenargues, édition nouvelle, accompagnée de notes et commentaires, par D. L. Gilbert. *Paris, Furne*, 1857. 2 vol. in-8, br., *portrait*.

481. Œuvres de Lesage, nouvelle édition, précédée d'une notice biographique et littéraire, par P. Poitevin. *Paris, Didot*, 1840. Gr. in-8, d.-rel. mar. r., *port. et figures*.

482. Œuvres complètes de Voltaire, avec des remarques et

notes historiques et littéraires, par MM. Auguis, Dannou, Ch. Nodier, etc. *Paris, Delangle*, 1828-32. 95 vol. — Table analytique des matières par Miger. *Paris*, 1834. 2 vol. Ensemble, 97 vol. in-8, br., pap. vél.

483. Voltaire. Œuvres. Table analytique et raisonnée des matières, par Gonjon. *Paris, Desoer*, 1819. In-8, v. rac.

484. Œuvres inédites de D. Diderot, par Goëthe. Mémoires historiques et philosophiques sur la vie et les ouvrages de de Diderot, par Naigeon. *Paris*, 1821. 2 vol. in-8, br.

485. Œuvres de madame de Staal (mademoiselle Delaunay). *Paris, Renouard*, 1821. 2 vol. in-8, br.

486. Œuvres complètes d'Helvétius, nouvelle édition. 3 vol. in-8, v. rac., fil., *portrait*.

487. Œuvres complètes de madame Cottin. *Paris*, 1817. 5 vol. in-8, br., *portrait*, *figures*.

488. Œuvres complètes de Florian, nouvelle édition. *Paris*, 1824. 13 vol. in-8, br., *portrait*.

489. Œuvres de Ducis. Du même, œuvres posthumes, par Campenon. *Paris*, 1826. 4 vol. in-8, br., *portrait*.

490. Œuvres complètes de Berquin, nouvelle édition, ornée de vignettes gravées sur bois. *Paris*, 1835. 4 vol. in-8, br.

491. Œuvres de madame J. M. Ph. Roland. *Paris, an* VIII. 3 vol. in-8, v. rac., dent., *portrait*.

492. Œuvres diverses du comte de Ségur. 1819. In-8, v. rac.

493. Œuvres choisies de Volney. 1836. In-8, br., *portrait*.

494. Œuvres complètes de J. H. Bernardin de Saint-Pierre, mises en ordre et précédées de la vie de l'auteur, par Aimé-Martin. *Paris*, 1818. 12 vol. in-8, br., *portr. et figures*.

495. Œuvres de P. E. Lemontey, de l'Académie française, suivi de l'essai sur l'établissement monarchique de Louis XIV. *Paris*, 1829. 5 vol. in-8, br.

496. Œuvres complètes de Marmontel, de l'Académie française, nouvelle édition. *Paris*, 1818. 19 vol. in-8, v. rac., dent., *figures*.

497. Œuvres de J.-D. Lanjuinais, pair de France, membre de l'Institut, etc., avec une notice biographique, par Victor Lanjuinais. *Paris*, 1832. 4 vol. in-8, br., *portrait*.

498. Œuvres de Casimir Delavigne. *Paris, Furne*, 1833-45. 8 vol. in-8, br.

499. Œuvres choisies de E. Scribe, de l'Académie française. *Paris, Didot*, 1845. 5 vol. in-12, d.-ch. r.

500. Œuvres complètes de Sterne. — Œuvres choisies de Goldsmith, nouvelle édition traduite par Fr. Michel. *Paris, Didot*, 1840. Gr. in-8, d.-rel., mar. bl., *portr. et figures.*

501. Œuvres complètes de Robertson, précédées d'une notice, par J. A. C. Buchon. *Paris*, 1837. 2 vol. gr. in-8, d.-rel., dos et coins de v. bl.

502. Mercure de France, dédié au Roi, par une société de gens de lettres. Du 4 septembre 1779 au 4 décembre 1784. 32 vol. in-12, d.-rel., v.

503. Esprit du Mercure de France depuis son origine. 1810. 3 vol. in-8, br.

504. Histoire politique et littéraire de la presse en France, par Eug. Hatin. *Paris*, 1859. In-8, br. 1er *vol.*

505. Tableau littéraire du XVIIIe siècle, suivi de l'éloge de La Bruyère, par Victorin Fabre. 1810. In-8, br., *portrait de La Bruyère* ajouté.

---

506. Lettres de madame de Sévigné. 1774. 8 vol. in-12, v. m.

507. Collection de 25 portraits des personnages les plus célèbres du siècle de Louis XIV, etc., pour faire suite à toutes les éditions des Lettres de madame de Sévigné. 1829. In-8, br.

508. Lettres de Ninon de Lenclos au marquis de Sévigné. *Paris*, 1806. 3 vol. in-18, v. rac., rem., *portraits.*

509. Lettres inédites de Voltaire à mademoiselle Quinault, au président Hénault, à madame d'Epinay, etc. *Paris, Renouard*, 1822. In-8, br.

510. Lettres de mademoiselle de Lespinasse. 1773-76. *Paris*, 1815. 2 tom. en 1 vol. in-12, v. rac.

511. Lettres de la marquise du Deffand. Nouv. édition. 1827. 4 tom. en 2 vol. in-8, dem.-rel., v. bl., *portrait.*

512. Correspondance littéraire, philosophique et critique de Grimm et de Diderot, depuis 1753 jusqu'en 1790. Nouvelle édition. *Paris, Furne*, 1829. 15 tom. en 8 vol. in-8, dem.-rel. — Correspondance inédite de Grimm et de Diderot, recueil de lettres, poésies, etc., retranchées par la censure impériale de 1812 à 1813. 1829. In-8, br., n. rog. Ensemble, 16 tom. en 9 vol.

513. Correspondance littéraire de La Harpe. *Paris*, 1804. 6 tom. en 3 vol. gr. in-8, dem.-rel.

514. Mémoires et correspondance de madame d'Epinay. *Paris*, 1818. 3 vol. — Anecdotes inédites pour faire suite aux Mémoires de madame d'Epinay. 1818. 1 vol. — L'Hermitage de J.-J. Rousseau et de Grétry, poëme par Flamand-Grétry. 1820. 1 vol. Ensemble, 5 vol. in-8, rel. en 2 vol.

515. Mémoires secrets de Bachaumont. 1762-1787. Nouv. édition, revue par Ravenel. *Paris*, 1830. 4 tom. en 2 vol. in-8, dem.-rel., dos et coins de v. rose.

516. Lettres et opuscules inédits du comte Joseph de Maistre. *Paris*, 1851. 2 vol. in-8, br., *portrait*.

517. Mémoires de Bachaumont. 1762-1788. *Paris*, 1808. 2 tom. en 1 vol. in-8, dem.-rel.

518. Les Dîners du baron d'Holbach, par madame de Genlis. 1822. In-8, br.

519. Œuvres choisies de Mirabeau. Lettres écrites du donjon de Vincennes pendant les années 1777-80. *Paris*, 1820. 3 vol. in-8, br., *portrait*.

HISTOIRE.

Géographie. — Chronologie. — Histoire ancienne.

520. Cours de géographie, par Chauchard et Müntz. 1839. Gr. in-8, dem.-rel., *figures et cartes*.

521. Dictionnaire universel des géographies physiques, politiques et historiques, par Masselin. 2 vol. in-8, br., *figures coloriées*.

522. Géographie des Grecs analysée, par Gosselin. *Paris*, *Didot*, 1781. In-4, dem.-rel., *cartes*.

523. Géographie ancienne, historique et comparée des Gaules, par le baron Walckenaër. 1839. 3 vol. in-8, br., et atlas.

524. Amusements géographiques et historiques, ou les Mémoires de M. Navarre, contenant ses voyages et aventures. *Paris*, 1788. 2 vol. in-8, cart., *fig*.

525. Etrennes géographiques, ou Costumes des principaux peuples de l'Europe, accompagné d'un précis historique sur chaque pays, sa description, etc. *Paris*, 1811. In-12, cart., n. rog., 32 *pl. coloriées*.

Ouvrages de M. d'Anville.

526. Mémoire sur la Chine. *A Pékin*, 1776. In-8, v. fau., fil.

527. Examen critique de la guerre des Romains contre Persée, relativement au local qui lui convient. 1779. Br. in-12.

528. Etats formés en Europe après la Chute de l'empire romain en Occident. *Impr. royale*, 1771. In-4, v. m., fil., *carte*.

529. Analyse de la carte intitulée les Côtes de la Grèce et de l'Archipel. *Impr. royale*. 1757. — Analyse abrégée de la construction de ma carte de l'Amérique méridionale. 1750. — Extrait du Journal des savants *avec titre manuscrit* de la la main de d'Anville. — Mémoire sur la carte intitulée : Canada, Louisiane, etc. 1755. 3 pièces en 1 vol. in-4, v. m.

530. Notice de l'ancienne Gaule, tirée des monuments romains. 1760. In-4, v. m., fil., *carte, portrait ajouté*.

531. Mémoire de littérature, par M. d'Anville. In-4, v. m., *cartes*.

Recueil factice d'environ 500 pages, avec titre manuscrit, des mémoires publiés par d'Anville dans la collection des mémoires de l'Académie des inscriptions.

532. Traité des mesures itinéraires anciennes et modernes. *Impr. royale*, 1769. In-8, v. m.

533. Proposition d'une mesure de la terre. 1735. — Réponse au mémoire contre la mesure conjecturale des degrés de l'équateur. 1738. — Lettres au R. P. Castel, au sujet des pays de Kamtchatka et de Jeco. 1737. En 1 vol. in-12, v. m., *cartes*.

534. Carte manuscrite du diocèse de Lisieux. Format in-fol., cadre en bois doré.

Précieuse carte autographe, parfaitement exécutée.

535. Inventaire de la collection géographique de M. d'Anville, premier géographe du roi. In-fol., v. m.

Important travail manuscrit, d'environ 1,000 *pages*, formant une *Bibliographie des cartes géographiques*, fait sous la direction de d'Anville. On sait que d'Anville avait formé une collection de cartes, tant gravées que manuscrites, dont le gouvernement acquit une portion en 1779, et dont il le laissa jouir sa vie durant. Une autre partie de cette collection passa en la possession d'un ami de la famille, de *feu M. de Manne*, et se trouve, encore aujourd'hui, aux mains de ses fils. Le restant a été cédé dans les premières années de ce siècle au ministère des affaires étrangères par les héritiers de d'Anville. C'est à l'aide de ces divers éléments que, *par les soins et la main de De Manne*, a été dressé cet inventaire que nous mettons en vente aujourd'hui, et dont MM. les amateurs et les bibliothécaires sauront apprécier l'intérêt.

536. Notice des ouvrages de M. d'Anville, premier géographe du roi, précédée de son éloge, par Barbié du Bocage. 1802. In-fol., v. rac.

Exemp. grand papier de Holl., auquel on a joint le portrait de d'Anville gravé par Saint-Aubin, et une lettre autographe de madame Barbié du Bocage à M. le chevalier d'Hauteclair.

537. Les Fastes universels, ou Tableaux historiques, chronol. et géograph. cont. siècle par siècle, et dans les colonnes distinctes depuis les temps les plus reculés jusqu'à nos jours ; suivi d'un nouvel art de vérifier les dates, par Buret de Longchamps. *Paris*, 1821. In-fol. obl., cart.

538. Atlas historique, généalogique et géographique, par A. Lesage (comte de Las Cases). 1835. In-fol., dem.-rel.

539. Atlas historique et chronol. des littératures anciennes et modernes, des sciences et des beaux-arts, d'après la méthode de Lesage, par Jarry de Mancy. *Paris, Renouard,* 1831. Gr. in-fol., d.-mar. viol. *Bel ex.*

540. L'Art de vérifier les dates des faits historiques, des chartes, etc., par des religieux bénédictins. 1750. 2 part. en 1 vol. in-4, v. m.

541. Dictionnaire des dates, des faits, des lieux et des hommes historiques, par une société de savants et de gens de lettres. 1843. 2 vol. gr. in-8, dem.-rel.

542. T. Livii Patavini historiæ romanæ, principis decades tres cum dimidia. *Lutetiæ*, 1552. In-fol., v. br.

543. Histoire ancienne, par Rollin. 1737. *Paris*. 13 tom. en 14 vol. in-12., v. mar., port.

544. Histoire des empereurs romains depuis Auguste jusqu'à Constantin, par Crevier. *Paris*, 1749. 12 vol. in-12, v. br.

545. Histoire du Bas-Empire, par Lebeau. Nouvelle édition. *Paris, Didot*, 1836. 21 vol. in-8, dem.-rel., v. fau.

546. L'Eglise et l'Empire romain au IVe siècle, par Alb. de Broglie. *Paris, Didier*, 1856. 2 vol. in-8, br.

547. The anglo-saxon Version, From the historian Orosius by Aelfred the Great, together with an english translation from the anglo-saxon (par Barrington). *London*, 1773. In-8, v. jas. fil. *Rare.*

Bel exemplaire, avec envoi de M. Barrington à M. d'Anville, 1775.

548. Œuvres de l'abbé Millot, de l'Académie française, comprenant l'Histoire générale, ancienne et moderne, l'Histoire d'Angleterre et l'Histoire de France. Nouv. édition, continuée jusqu'à nos jours, par Millon, etc. *Paris*, 1819. 12 vol. in-8, dem.-mar. n.

HISTOIRE DE FRANCE.

Introduction. — Origines, etc.

549. Description historique et géographique de la France, ancienne et moderne, par l'abbé de Longuerue. *Paris*, 1719. In-fol., v. br., *cartes*.

550. Dictionnaire de la géographie physique et politique de la France, par Girault de Saint-Fargeau. *Paris*, 1826. In-8, v. éc.

551. France pittoresque, ou Descript. pitt., topographique et statist. des départements et colonies de la France, par A. Hugo. *Paris*, 1835. 3 vol. gr. in-8, cart., *fig. et cartes*.

552. Guide pittoresque du voyageur en France, orné de 96 cartes routières, de 70 portraits et de 60 vignettes, gravées sur acier, etc. *Paris*, *Didot*, 1834. 6 vol. in-8, dem.-rel., dos et coins v. bl., fil.

553. Panorama géographique français, ou les Mille et une Beautés de la France, par une société de géographes. 1825. In-8, cart., *cartes et vignettes*.

554. Les Jeunes Voyageurs en France, par Depping. 1830. 5 vol. in-18, v. rac.

555. Châteaux et ruines historiques de France, par Alex. de Lavergne, illust. de Th. Frère. *Paris*, 1845. Gr. in-8, cart.

556. Les Cathédrales de France, par l'abbé J. Bourassé. *Tours*, 1843. Gr. in-8, br., *fig*.

557. Atlas illustré des 86 départements français, divisé par arrondissements, cantons et communes, par Vict. Levasseur, etc. *Paris*, 1843. Gr. in-fol., d.-rel.,

558. Histoire de la Gaule méridionale sous la domination des conquérants germains, par Fauriel. 1836. 4 vol. in-8, d.-rel., v. fau.

559. Histoire de la vie privée des Français, depuis l'origine de la nation jusqu'à nos jours, par Legrand d'Aussy, nouv. édit. avec des notes, etc., par Roquefort. *Paris*, 1815. 3 vol. in-8, d.-rel.

560. Vie publique et privée des Français à la ville, à la cour et dans les provinces, depuis la mort de Louis XV jusqu'au règne de Charles X, pour faire suite à la Vie privée des Français de Legrand d'Aussy. 1826. 2 vol. in-8, v. porph., dent.

561. Les Recherches de la France d'Estienne Pasquier. *Paris, P. Menard*, 1643. In-fol., v. br.

562. Recherches et considérations sur les finances de la France, depuis l'année 1595 jusqu'à l'année 1721 (par de Forbonnais). *Basle*, 1758. 2 vol. in-4, v. mar.

563. Péages. — État des péages et autres droits de cette nature qui se perçoivent par terre dans les différentes généralités du royaume. 24 février 1774. In-fol., br.

Manuscrit de 200 pages, bonne écriture du XVIIIe siècle.

564. Histoire générale des finances de la France, depuis le commencement de la monarchie, pour servir d'introduction à la loi annuelle ou budget de l'empire français, par Arnould. *Paris*, 1806. In-4, d.-rel.

565. Dictionnaire féodal, ou recherches et anecdotes sur les dîmes et les droits féodaux, etc., par Collin de Plancy. *Paris*, 1819. 2 tomes en 1 vol. in-8, v. rac., dent.

566. Précis historique de la marine française, son organisation et ses lois, par F. Chassériau. *Paris, Imp. roy.*, 1845. 2 forts vol. in-8, d.-rel. v.

567. Dictionnaire de l'ancien régime et des abus féodaux, ou les hommes et les choses des neuf derniers siècles de la monarchie française, par Paul D. de P. *Paris*, 1820. In-8, v. rac., fil.

568. Dictionnaire critique et raisonné des étiquettes de la cour, par madame de Genlis. 1818. 2 tom. en 1 vol. in-8, d.-rel., *portraits ajoutés*.

569. Des sépultures nationales, et particulièrement de celles des rois de France, par Legrand d'Aussy, suivi des funérailles des rois, reines et princesses, etc., par de Roquefort. *Paris*, 1824. In-8, br.

Histoire générale et particulière.

570. Histoire de France d'Anquetil, continuée depuis la révo-

lution de 1789 jusqu'à celle de 1830, par L. Gallois. *Paris*, 1840. 4 vol. gr. in-8, d.-rel., bas., *fig.*

571. Histoire de France depuis l'établissement des Francs dans la Gaule jusqu'en 1830, par Th. Burette, enrichie de 500 dessins par J. David. *Paris*, 1840. 2 vol. gr. in-8, br., *figures.*

572. Histoire des révolutions de France, où l'on voit comment cette monarchie s'est formée, etc.; on y a joint des remarques critiques et les fastes des rois de France, depuis Clovis jusqu'à la mort de Louis XIV, par de La Hode. *La Haye*, 1738. In-4, d.-rel.

573. Faits mémorables de l'histoire de France, illustrés de 120 tableaux de V. Adam. 1844. Gr. in-8, cart., *fig.*

574. Les grandes chroniques de France, selon qu'elles sont conservées en l'église de Saint-Denis en France, publiées par Paulin. *Paris*, 1837. 6 vol. in-8, d.-rel., dos et c. de v. fau., n. rog., dor. en tête.

575. Histoire des ducs de Bourgogne de la maison de Valois, 1364-1477, par de Barante, 6e édit. *Paris, Furne*, 1842. 8 vol. in-8, br., *fig.*

576. Histoire des croisades, par Michaud, 4e édit. 1825. 6 vol. in-8. d.-rel., *cartes.*

577. La noblesse de France aux croisades, publiée par P. Roger. *Paris*, 1845. Gr. in-8, br., *fig.*

578. Mémoires et lettres de Marguerite de Valois, nouvelle édition, publiée par Guessard. 1842. Gr. in-8, br.

579. Mémoires de Daniel Huet, évêque d'Avranches, traduits pour la première fois du latin en français, par Ch. Nisard. *Paris*, 1853. In-8, br.

580. Les historiettes de Tallemant des Réaux, mémoires pour servir à l'histoire du XVIIe siècle; 2e édit., revue par Monmerqué. *Paris, Delloye*, 1840. 10 tomes en 5 vol. in-12 cart., *port.*

581. Madame de Sablé, madame de Longueville; nouvelle, études sur les femmes illustres de la société au XVIIe siècle, par Vict. Cousin. *Paris, Didier*, 1853-54. 2 vol. in-8, br. *portrait.*

582. Madame de Chevreuse et madame de Hautefort; nou-

velles études sur les femmes illustres de la société au XVIIe siècle, par Vict. Cousin. *Paris, Didier*, 1856. 2 vol. in-8, br., *portraits.*

583. Les nièces de Mazarin ; études de mœurs et de caractères au XVIIe siècle, par A. Renée. *Paris, Didot*, 1856. In-8, br.— Madame de Montmorency ; mœurs et caractères au XVIIe siècle, par A. Renée. *Paris, Didot*, 1858. In-8, br. Ens., 2 vol.

584. Essai sur l'établissement monarchique de Louis XIV, par Lemontey. 1818. In-8, v. rac., dent.

585. Histoire amoureuse des Gaules, par Bussy-Rabutin, suivie de la France galante, nouvelle édition par A. Poitevin. *Paris*, 1857. 2 vol. in-12, br.

586. Mémoires, anecdotes secrètes, galantes, historiques ou inédites sur mesdames de La Vallière, de Montespan, de Fontanges et autres illustres personnages de la cour de Louis XIV, par madame Gacon-Dufour. 1807. 2 tomes en 1 vol. in-8, d.-rel., *portraits.*

587. Mémoires du duc de Saint-Simon, nouvelle édition, publiées par F. Laurent. 1826. 6 tomes en 3 vol. in-8, v. rac., dent.

588. Souvenirs de la marquise de Créquy. *Paris, Delloye*, 1842. 10 tomes en 5 vol. in-12, d.-rel., dos et c. de v. fau., n. rog., *portraits.*

589. Mémoires inédits du comte de Brienne, secrétaire d'État sous Louis XIV, publiés sur les manuscrits autographes par Barrière. *Paris*, 1828. 2 vol. in-8, br.

590. Mémoires sur la cour de Louis XIV et de la Régence (par la princesse palatine). 1823. In-8, cart.

591. Louis XIV, sa cour et le Régent, par Anquetil. *Paris*, 1819. 2 vol. in-8, br.

592. Mémoires de J. Nompar de Caumont, duc de la Force, maréchal de France. 1843. 4 vol. in-8, br.

593. Louis XIV et son siècle, par A. Dumas. 1844. 2 vol. gr. in-8, d.-rel., maroq. bl., *figures.*

594. Mémoires secrets sur le règne de Louis XIV, la régence et le règne de Louis XV, par Duclos (par Sautreau). *Paris*, 1824. 2 vol. in-8, br.

595. Documents authentiques et détails curieux sur les dé-

penses de Louis XIV en bâtiments et châteaux royaux, particulièrement Versailles, par Gabriel Peignot. *Paris*, 1827. In-8, br., *portrait*. *Exemplaire avec le supplément*.

596. Mémoires du président Hénault, par le baron de Vigan. *Paris*, 1855. In-8, br.

597. Histoire de France pendant le XVIIIe siècle, par Lacretelle. 1812. 6 tomes en 3 vol. in-8, bas. rac.

598. Mémoires historiques et anecdotes de la cour de France pendant la faveur de la marquise de Pompadour (par Soulavie), avec 12 estampes gravées par elle, etc. 1802. In-8, d.-rel.

599. Mémoires historiques et politiques du règne de Louis XVI, depuis son mariage jusqu'à sa mort, par J. S. Soulavie. *Paris*, 1801. 6 vol. in-8, br., *portraits*.

600. Mémoire autographe de M. de Barentin, chancelier et garde des sceaux sous Louis XVI, par Maurice Champion. *Paris*, 1844. In-8, br.

601. Extraits des mémoires relatifs à l'histoire de France, depuis l'année 1757 jusqu'à la Révolution, par Aignan et Norvins. *Paris*, 1824. 2 vol. in-8, br.

602. Tableaux de genre et d'histoire, peints par différents maîtres, ou morceaux inédits sur la régence, Louis XV et Louis XVI, par Barrière. *Paris*, 1828. In-8, br.

603. Mémoires du duc de Lauzun. *Paris*, 1822. In-8, d.-rel., *portrait*.

604. Mémoires du comte A. de Tilly pour servir à l'histoire des mœurs de la fin du XVIIIe siècle. 1828. 3 vol. in-8, cart.

605. Mémoires politiques et anecdotiques inédits du baron de Grimm. *Paris*, 1830. 2 tomes en 1 vol. in-8, v. rac., dent.

606. Anecdotes secrètes du XVIIIe siècle, rédigées avec soin d'après la correspondance secrète, politique et littéraire, pour faire suite aux Mémoires de Bachaumont (par Nougaret). *Paris*, 1808. 2 tomes en 1 vol. in-8, bas. rac.

607. Paris, Versailles et les provinces au XVIIIe siècle, anecdotes sur la vie privée de plusieurs ministres, évêques, etc. (par Mély-Janin). 5e édition. *Paris*, 1823. 3 vol. in-8, br., *figures*.

608. Anecdotes du XVIIIe siècle par Collin de Plancy. *Paris*, 1821. 2 tomes en 1 vol. in-8, v. j., dent.

609. Mémoires sur le XVIIIe siècle et la Révolution, par l'abbé Morellet. 1821. 2 vol. in-8, v. rac., dent., *portrait*.

610. Pièces inédites sur les règnes de Louis XIV, Louis XV et Louis XVI, ouvrage dans lequel on trouve des mémoires, des notices historiques et des lettres de Louis XIV, de madame de Maintenon, etc., et la chronique scandaleuse de la cour de Philippe d'Orléans, etc. *Paris*, 1809. 2 vol. in-8, br.

611. Mémoires sur la vie privée de Marie-Antoinette, suivis de souvenirs et anecdotes historiques sur les règnes de Louis XIV, Louis XV et de Louis XVI, par madame Campan. *Paris*, 1822. 4 tomes en 2 vol. in-8, v.

612. La régence et Louis XV, par Alex. Dumas, illustré par les premiers artistes de Paris. Gr. in-8, br., *figures*.

613. Mémoires de mademoiselle Bertin sur la reine Marie-Antoinette, avec des notes. *Paris*, 1824. In-8, br.

614. La Cour et la Ville, Paris et Coblentz, ou l'ancien régime et le nouveau, par Toulotte. *Paris*, 1838. 2 vol. in-8, br. — La Cour et la Ville sous Louis XIV, Louis XV et Louis XVI, ou révélations historiques, par Barrière. *Paris*, 1830. Ensemble, 3 vol. in-8, br.

615. Histoire de Louis XVI, roi de France, terminée par le testament de ce monarque, par Durdent. *Paris*, 1833. In-8, br.

616. Correspondance entre le comte de Mirabeau et le comte de La Marck pendant les années 1789-90-91, recueillie et publiée par de Bacourt. 1851. 3 vol. in-8, br.

617. Souvenirs et portraits, 1780-1789, par le duc de Lévis. 1815. In-8, v. rac.

618. Considérations sur les principaux événements de la Révolution française. 1818. 3 vol. in-8, v. rac., *portrait ajouté*.

619. Tablettes chronologiques et historiques de la Révolution française, par A. Goujon. In-8, d.-rel. (*Manq. titre.*)

620. Mémoires d'un témoin de la Révolution, ou journal des faits qui se sont passés sous ses yeux, et qui ont préparé et

fixé la constitution française, ouvrage posthume de J. Syl. Bailly. *Paris*, 1804. 3 vol. in-8, br.

621. Souvenirs, mélanges et anecdotes sur la Révolution française, le Directoire, le Consulat et l'Empire, par L. de Rochefort. *Paris*, 1831. 2 vol. in-8, br., *portrait*.

622. Mémoires pour servir à l'histoire du jacobinisme, par l'abbé Barruel. *Hambourg*, 1798. 5 vol. in-8, br.

623. Les Corsaires français sous la République et l'Empire, par N. Gallois. *Le Mans*, 1847. 2 vol. in-8, br.

624. Les Français sous la Révolution, par Challamel et W. Tenint. Gr. in-8, d.-rel., 40 *figures coloriées*.

625 Histoire-Musée de la République française, depuis l'assemblée des notables jusqu'à l'Empire, par Aug. Challamel. *Paris*, 1842. 2 vol. gr. in-8, dem.-mar. v., *figures représentant des caricatures, médailles, etc.*

626. Tableaux historiques de la Révolution française, ou analyse des principaux événements qui ont eu lieu en France depuis la première assemblée des notables tenue à Versailles en 1787, cont. 160 sujets gravés à l'eau-forte et au burin, par les premiers artistes de Paris, etc. (par A. Miger). *Paris*, 1817. 2 vol. in-fol., d.-rel., v. v., non rogné.

627. Victoires, conquêtes, désastres, revers et guerres civiles des Français, de 1792 à 1815, par une société de militaires et de gens de lettres. *Paris, Panckoucke*, 1817-21. 27 vol. in-8, br., *fig. et atlas*.

628. Trophées des armées françaises, depuis 1792 jusqu'en 1815. *Paris, Le Fuel*. 6 vol. in-8, br., *gr. nombre de gravures à l'eau-forte de Couché*.

629. Histoire des journaux et des journalistes de la Révolution française (1789-96), précédée d'une introduction générale, par L. Gallois. *Paris*, 1845. 2 vol. gr. in-8, d.-bas. r.

630. Revue chronologique de l'Histoire de France, depuis la première convocation des notables jusqu'au départ des troupes étrangères, 1787-1818 (par Montgaillard). *Paris, Didot*, 1820. In-8, v. rac., dent.

631. Histoire d'un espion politique sous la Révolution, le Consulat et l'Empire, par M. Fournier. *Paris*, 1846. 4 vol. gr. in-8, br., *figures*.

632. Histoire de soixante ans (la Révolution de 1789-1800), par Hip. Castille. *Paris*, 1859. 2 vol. in-8, br., *jolis portraits*.

633. La Révolution, l'Empire et la Restauration, ou 178 anecdotes historiques dans lesquelles apparaissent 221 contemporains français et étrangers, par T. Lafosse. *Paris*, 1820. In-8, br.

634. Histoire populaire, anecdotique et pittoresque de Napoléon et de la Grande-Armée, par E. Marco de Saint-Hilaire, illustrée par J. David. *Paris*, 1843. Gr. in-8, br., *figures*.

635. Mémoires anecdotiques sur l'intérieur du palais et sur quelques événements de l'Empire, depuis 1805 jusqu'au 1er mai 1814, pour servir à l'Histoire de Napoléon, par de Beausset. *Paris*, 1827. 4 vol. in-8, br., *portrait*.

636. Napoléon, sa famille, ses amis, ses généraux, ses ministres et ses contemporains, ou soirées secrètes du Luxembourg, des Tuileries, de Saint-Cloud, etc. *Paris*, 1841. 4 vol. in-8, br.

637. Correspondance inédite de Mme Campan avec la reine Hortense, publiée avec notes et introduction, par Buchon. *Paris*, 1835. 2 vol. in-8, br., *portrait*.

638. Ouvrages sur Napoléon Ier. — Napoléon à Paris, translation de ses cendres, 1841. — Histoire de l'empereur Napoléon, par A. Hugo. 1837. — Napoléon jugé par lui-même, par ses amis et ses ennemis, par Massias. 1823. — Biographie des contemporains, par Napoléon. 1824. — Documents pour servir à l'Histoire de la captivité de Napoléon à Sainte-Hélène. 1822. Ens., 5 vol. in-8, br., *figures*.

639. La Défection de Marmont en 1814, par Rapetti. *Paris*, 1858. In-8, br.

640. Histoire de l'expédition de Russie (par de Chambray). 1823. 2 vol. in-8, d.-rel., v., *figures et cartes*.

641. Mémoires de J. Fouché, duc d'Otrante, ministre de la police générale. 1824. 2 vol. in-8, br.

642. Napoléon et Marie-Louise, souvenirs historiques de M. de Menneval. 2e édit. *Paris*, 1844. 3 vol. in-12, br.

643. Histoire de France depuis la Restauration, par Ch. Lacretelle. *Paris*, 1844. 4 vol. in-8, br.

644. Mémoires, ou Souvenirs et anecdotes, par le comte de Ségur. 1826. 3 vol. in-8, br., *portrait*.

645. Mémoires ou Souvenirs et anecdotes, par de Ségur. *Paris*, *Didier*, 1843. 2 vol. in-12, br.

646. Galerie morale et politique, par le comte de Ségur. 1818. 2 vol. in-8, v. rac., *portrait*.

647. Mémoires de Mme la marquise de La Rochejaquelin. 1848. In-8, br., *carte*.

648. Mémoires sur la Restauration, par la duchesse d'Abrantès. 1838. 6 vol. in-8, br.

649. Mémoires du prince de Montbarey. 1826. 3 vol. in-8, br.

650. La Contemporaine en miniature, ou Abrégé critique de ses Mémoires, par de Sevelinges. *Paris*, 1828. In-8, br.

651. Chronique indiscrète du XIXe siècle, esquisses contemporaines. 1825. In-8, br.

652. Mémoires, souvenirs, œuvres et portraits, par Alissan de Chazet. 1837. 3 vol. in-8, br.

653. La Police dévoilée, depuis la Restauration, sous MM. Franchet et Delavau, par Froment. 1829. 3 vol. in-8, d.-rel.

654. Scènes contemporaines et scènes historiques, laissées par la vicomtesse de Chamilly. *Paris*, 1830. 2 vol. in-8, br.

655. Mémoires de S. A. Antoine-Philippe d'Orléans, duc de Montpensier. 3e édit. *Paris*, 1824. In-8, br.

656. Collection complète des pamphlets de Paul L. Courrier. 1827. In-8, br., *portrait*.

657. Mémoires de la vicomtesse de Fars-Fausselandry, ou souvenirs d'un octogénaire. 1830. 3 vol. in-8, br.

658. L'Europe depuis l'avénement du roi Louis-Philippe, par M. Capefigue, pour faire suite à l'histoire de la Restauration du même auteur. *Paris*, 1845. 10 vol. in-8, br.

659. Histoire de Louis-Philippe Ier, roi des Français, par Amédée Boudin. 1847. 2 vol. gr. in-8, cart., *fig*.

660. Souvenirs des voyages de Mgr le duc de Bordeaux en Italie, en Allemagne et dans les États de l'Autriche, par de Locmaria, 2e édit. *Paris*, 1847. 2 vol. in-8, br.

661. Mémoires secrets de 1770 à 1830, par le comte d'Allonville. 1838. 6 vol. in-8, br.

662. Mémoires du maréchal Marmont, duc de Raguse, de 1792 à 1841, imprimés sur le manuscrit original de l'auteur. *Paris, Perrotin*, 1857. 9 vol. in-8, br., *portr.*

663. Storia popolare della guerra d'Oriente, scritta Dall'ab. Mullois fatta Italiana, per L. P. *Roma*, 1855. in-4, mar. r., *figures.*

HISTOIRE DE PARIS.

Topographie.

664. Description de la généralité de Paris. *Paris*, 1759. in-8, v. m.

665. Recherches critiques historiques et topographiques sur la ville de Paris, depuis ses commencements connus jusqu'à présent, avec le plan de chaque quartier, par le sieur Jaillot. 1774. 20 part. en 4 vol. in-8, cart. *Exemp. non rogné.*

666. Plans de Paris, environ 50, de diverses époques.
Ce lot sera divisé.

667. Dictionnaire administratif et historique des rues de Paris et de ses monuments, par F. et B. Lazare. 1844. Gr. in-8, br.

668. Les quarante-huit quartiers de Paris, histoire biographique, anecdotique des rues, palais, hôtels et maisons de Paris, par Girault de Saint-Fargeau. 1846. In-4, cart. 12 *fig.*

669. 14 volumes in-8, in-12 et in-18, brochés et reliés, divers guides, conducteur, etc., du voyageur dans Paris, *avec cartes, plans et figures.*

670. Panorama de Paris et de ses environs, ou Paris vu dans son ensemble, etc., par Brayer. 1805. 2 tom. en 1 vol. in-12, d.-rel.

671. Paris et ses environs, promenades pittoresques. 1825. In-18, *fig.* — Voyage pittoresque de Paris au Havre. In-18, *jolies figures coloriées.*

672. Promenades pittoresques dans Paris et les environs. In-fol. br., 16 *planches représentant* 144 *vues*.

673. Annuaire de Paris et de ses environs dans un rayon de dix lieues. 1837. Gr. in-8, d.-rel.

674. Itinéraire étymologique de Paris, par Maire. 1827. In-12, 3 *plans*.

675. Miroir historique, politique et critique de l'ancien et du nouveau Paris. 1807. 3ᵉ édition. 6 vol. in-18, bas., 116 *fig*.

676. Dictionnaire topographique, étymologique, etc., des rues de Paris, par de La Tynna. 1812. In-12, v. rac., dent., *plan*. *Ex. papier vélin*.

677. Le même ouvrage. 1806. 2ᵉ édition. 2 vol. in-18, bas., 98 *fig*.

678. Paris en miniature, d'après les dessins d'un nouvel Argus, par le marquis de Luchet. 1794. In-18. — Curiosités de Londres. 1765. In-18, d.-rel.

679. Les rues de Paris ancien et moderne, origine, histoire, etc., publié par Louis Lurine. 1844. 2 vol. gr. in-8, cart., illustrés.

Histoire et description des monuments.

680. Histoire de la ville de Paris, composée par D. Michel Félibien, revue, augmentée par G.-A. Lobineau. *Paris, G. Desprez*, 1725. 5 vol. in-fol. *Ex. gr. pap., fig. et cartes*.

681. Histoire de la ville et de tout le diocèse de Paris, etc., par l'abbé Lebeuf. 1754-1758, 15 vol. in-12, v. m., *cartes*. *Bon exempl*.

682. Description historique de la ville de Paris et de ses environs, par Piganiol de La Force. 1765. 10 vol. in-12, v. m., *figures*.

683. Histoire physique, civile et morale de Paris, par Dulaure. 1821. 7 vol. — Supplément, 1 vol. Ens., 8 vol. in-8, v. rac., dent., *fig*.

684. Histoire de Paris, par Touchard-Lafosse. 1833. 5 vol. in-8, et atlas de *cartes et figures*.

685. Nouvelle histoire de Paris et de ses environs, par J. de Gaulle. 1839. 5 vol. gr. in-8, br., *fig.*

686. Résumé de l'histoire de Paris, par Lucas. 1825. — Histoire de la révolution de Paris en 1830, par Cuisin. 1835. — Ens., 2 vol. in-18, br.

687. Histoire abrégée de Paris, d'après Grégoire de Tours, Sauval, etc., par Léonard et de Monglave. 1824. 2 vol. in-18, v. rac., dent.

688. Voyage pittoresque de Paris, par d'Argenville. 1757. In-12, v. m., *fig.*

689. Promenades dans le vieux Paris, par P.-L. Jacob, bibliophile. 1837. In-12. — Le vieux Paris, par P. Zaconne. In-12. Ens., 2 vol., br.

690. Le vieux Paris, par Mme Eug. Foa. In-12, *S. D.*, d.-rel., v., *fig.* — Les Curiosités de Paris et de ses environs, par E.-A. P. 2 tomes en 1 vol., d.-rel., v. vert. Ens., 2 vol.

691. Dictionnaire historique de la ville de Paris et des ses environs, etc., par Hurtaut. 1779. 4 vol. in-8, v. m.

692. Dictionnaire historique de Paris, par Béraud et Dufey. 1825. 2 vol. in-8, v. rac., *figures.*

693. Paris historique, promenades dans les rues de Paris par Ch. Nodier, Aug. Régnier et Champin, avec un résumé de l'histoire de Paris, par Christian. *Paris*, 1838. 3 vol. in-8, d.-rel., v. rose, 200 *vues* et *portrait de Ch. Nodier.*

694. Evénements de Paris des 26, 27, 28 et 29 juillet 1830. 1830. In-18, br.

Imprimé sur papier de trois couleurs.

695. Histoire de Paris racontée à la jeunesse, par Destigny. 1845. 2 vol. in-12, br., *figures.*

696. Paris et ses environs, reproduits par le daguerréotype, sous la direction de M. Philippon. *Paris, Aubert*, 1840. In-4, cart., *texte et* 60 *vues à deux teintes.*

697. Dictionnaire historique et descriptif des monuments de la ville de Paris, par de Roquefort. 1826. In-8, br.

698. Nouvelle description des curiosités de Paris, par Dulaure. 1787. 2 vol. in-18, v. rac., dent.

699. Les Monuments de Paris, histoire de l'architecture civile, politique et religieuse sous le règne de Louis-Philippe Ier, par Félix Pigeory. 1847. Gr. in-8, cart., *figures*.

700. Description historique de la basilique métropolitaine de Paris, par Gilbert. 1821. In-8, v. rac., dent., *figures*.

701. Description historique des curiosités de l'Eglise de Paris, par Gueffier. 1763. In-12, v. m., *figures*.

702. Dictionnaire pittoresque et historique, ou description d'architecture, peinture, sculpture, gravure, etc., des monuments de Paris, Versailles, Saint-Cloud, Trianon, etc., par Hébert, amateur. 1766. 2 vol. in-12, v. m.

703. Les Eglises de Paris, etc., avec une introduction, par l'abbé Pascal. 1843. Gr. in-8, d.-rel., *figures*.

704. Notice explicative des objets d'art qui décorent la nouvelle église Notre-Dame-de-Lorette à Paris, par Grégoire. 1837. Br. in-8.—Chapelle de l'Eucharistie à Notre-Dame-de Lorette, par A. Périn et Ch. Lenormant. 1852. Br. in-8.

705. 3 brochures in-8. — Notice sur l'île Saint-Louis et son église, par l'abbé Pascal. 1841.—Notice historique sur l'Arc de Triomphe de l'Etoile. 1836.—Description de la nouvelle église de Saint-Vincent-de-Paul. 1844. *Figures*.

706. Les Galeries du Palais-de-Justice de Paris, 1280-1850, par A. de Bast. 1851. 2 vol. in-8, br.

707. Histoire de l'Hôtel-de-Ville de Paris, suivie d'un essai sur l'ancien gouvernement municipal de cette ville, par Le Roux de Lincy, orné de 8 planches dessinées et gravées sur acier par Cailliat. *Paris, Dumoulin*, 1846. In-4, br.

708. Musée royal du Luxembourg recréé en 1822 et composé des principales productions des artistes vivants, par C. P. Landon. *Imp. roy.*, 1823. In-8, cart., n. rog., 63 *planches gravées au trait*.

709. Le Jardin des Plantes, etc., par Bernard, Couailhac, Gervais et Lemaout. 1842. 2 vol. gr. in-8, d.-rel., v. rose. *Figures et figures coloriées*.

710. Panorama des Champs-Elysées de Paris. In-4 oblong, cart.

711. Paris pittoresque, par Sarrut et Saint-Edme. 1837. 2 tomes en 1 vol. gr. in-8, d.-rel., *figures*.

712. Paris, ses églises, ses palais, ses ponts, ses places, ses marchés, etc., d'après les épreuves du daguerréotype de la maison Lerebours, texte de M. F. *Paris, Renouard, S. D.* Gr. in-8, toile, tr. dor., 123 *planches*.

713. Paris, illustrations, albums de gravures. 1838. Gr. in-8, v. rose, compart., *figures*.

714. Paris and its environs displayed in a series of picturesques views. *London*, 1831. 2 tomes en 1 vol. in-4, cart. toile, tr. dor., 204 *vues*.

715. Gravures pour l'histoire de Paris et de ses environs et autres vues de villes étrangères, gravées sur acier. In-8, d.-rel. v. rose.

716. Essai sur les catacombes de Paris. 1812. — Les Catacombes poëme, par Thiessé. 1815. — Les illustres Revenants, ou Paris visité par les morts. 1844. Ensemble, 3 br.

717. *Cimetières.* — Promenades aux cimetières de Paris. In-12, cart.—L'Observateur au cimetière du Père-Lachaise, par Marchant. 1820 et 1822. 2 vol. in-18, v. rac.—Le véritable Guide aux cimetières, par Richard. In-18, br. — Promenades sentimentales au Père-Lachaise, par Chennechot. 1825. Ensemble, 5 vol., *avec figures*.

718. Promenades pittoresques aux cimetières du Père-Lachaise, de Montmartre, de Mont-Parnasse et autres, lithog. par L. Lassalle, d'après les dessins de Rousseau. *Paris*, 1840. In-4, cart., *planches*.

719. Statuts et règlements pour la communauté des barbiers, perruquiers, baigneurs-étuvistes de Paris. 1718. In-18, v. br.

720. Recherches sur les consommations de tout genre de la ville de Paris en 1817, comparées à ce qu'elles étaient en 1789, par Benoiston de Châteauneuf. 1821. 3 vol. in-8, br.

721. Relevé général des objets d'art commandés depuis 1816 jusqu'en 1830 par l'administration de la ville de Paris, par Grégoire. 1833. In-8, br.

Mœurs et Usages.

722. Essais historiques pour faire suite aux Essais de M. Poullain de Sainte-Foix, par A. P. de Sainte-Foix. 1801. 2 vol. in-12, d.-rel., *portrait*.

723. Petite Chronique de Paris faisant suite aux mémoires de Bachaumont. *Paris*, 1817-1818. 2 vol. in-12, br.—Mémorial parisien, par Dufey. 1821. In-12, br. Ensemble, 3 vol.

724. Souvenirs de Paris en 1804, par A. Kotzebue. 1805. 2 vol. in-12, bas.

725. Tableau de Paris, nouvelle édition, par Mercier. *Amst.*, 1782. 12 tom. en 6 vol. in-8, v. m.

726. Nouveaux Tableaux de Paris, ou observations sur le mœurs et usages des Parisiens au commencement du XIXe siècle. 1828. 2 vol., cart., *fig.* —Le Flâneur, galerie pittoresque historique et morale de Paris. 1826.—Le Frondeur, observations sur les mœurs. 1829. In-12, cart., *fig.*—Paris intime par Henri de Pène. 1859. In-12, br. Ensemble, 4 vol. in-12.

727. Encore un Tableau de Paris, par Henrion. *An* VIII. — Galerie chronologique. 1810. En 1 vol. in-12, d.-rel.

728. La grande Ville, nouveau Tableau de Paris. *Paris*, 1843. 2 vol. gr. in-8, d.-rel., *figures*.

729. Un Provincial à Paris pendant une partie de l'année 1789. —Du Fanatisme de la langue révolutionnaire, par La Harpe. 1797. En 1 vol. in-8, cart.

730. De l'Influence de Paris sur toute la France, ou de la Centralisation, par Mithe. 1833. Br. in-8. — De la Transformation de Paris en place forte, par le marquis de Chambray. 1843. Br. in-8.

731. Paris à la fin du XVIIIe siècle. 1801. In-8, v. rac., dent.

732. Petit Dictionnaire critique et anecdotique des enseignes de Paris, par un batteur de pavé. 1826. In-24, br.

733. Aventures parisiennes avant et depuis la Révolution, ouvrage qui contient tout ce qu'il y a de plus piquant relativement à Paris. Anecdotes, mœurs, travers, etc. (par Nougaret). *Paris*, 1808. 3 vol. in-12, v. porph., dent. *Exemp. pap. vél. fort.*

734. Almanach parisien pour l'année 1785. — Id., pour 1791. — Almanach de Paris. 1825. — Etat actuel de Paris. 1803, parties *nord et midi*. 2 vol. in-32. Ens., 5 vol. in-18, rel. et br., *figures*.

735. Paris. Tableau moral et philosophique, par Fournier-

Verneuil. 1826. In-8, br. — Mémoire à l'appui du livre (précédent), par F. Verneuil. Br. in-4.

736. Muséum parisien, par L. Huart. Vignettes de Granville, Gavarni, etc. 1841. Gr. in-8, br., *figures.*

737. La grande ville. Nouveau Tableau de Paris comique, critique et philosophique, par MM. P. de Kock, Balzac, Dumas, Soulié, etc. Vignettes de Gavarni, V. Adam, H. Monnier, etc. *Paris*, 1844. 2 vol. gr. in-8, br., *figures.*

738. Le Diable à Paris. — Paris et les Parisiens. 1845. 2 vol. gr. in-8, cart. *figures.*

739. Paris au XIXe siècle. Recueil de scènes de la vie parisienne, dessinée d'après nature, par Vict. Adam, Gavarni, Daumier et autres, avec un texte explicatif, par MM. Emile Pagès, Roger de Beauvoir, etc. *Paris*, 1839. Gr. in-4, cart., *figures.*

740. Paris au bal, par Louis Huart, avec 60 vignettes de Cham. Pet. in-8, br.

741. Les Amours des bals publics de Paris. Vérités sur ces dames. 1846. In-18. — Le Diable dans les boudoirs de Paris. 1847. In-18. — Paris la nuit, silhouettes par E. Gourdon. 1842. Ens., 3 vol. in-18, br.

742. *Divers*. Environ 35 volumes in-12 et in-18, relatifs à l'Histoire de Paris. (*Ce lot sera divisé.*)

Histoire des environs de Paris et des provinces de France.

743. Curiosités de Paris, de Versailles, Marly, Vincennes, etc. 2 vol. — Le nouveau voyage de France, etc. 1 vol (par Saugrain). 1778. Ens., 3 vol. in-12, v. m., *figures.*

744. Voyage pittoresque aux environs de Paris, etc., par d'Argenville. 1762. In-12, v. m., *figures.*

745. Les Environs de Paris. Paysage, histoire, etc., par Ch. Nodier et L. Lurine. Gr. in-8, d.-rel. mar., br., tr. dor., *fig.*

746. Dictionnaire historique, topographique et militaire de tous les environs de Paris, par P. Saint-A. *S. D.* In-12, v. rac., dent., *carte.*

747. Dictionnaire topographique des environs de Paris, par Oudiette. 1812. In-8, v. rac., *plan*. — Nouveau dictionnaire historique des environs de Paris, par Dufey. 1825. In-8, d.-rel., *plan*.

748. La Seine et ses bords, par Ch. Nodier. 1838. In-8, cart., *figures*.

749. Description des environs de Paris, par Alexis Donnet. 1824. In-8, bas. rac. 58 *figures*.

750. Mes Voyages aux environs de Paris, par J. Delort. 1821. 2 vol. in-8, v. rac., *grand nombre de fac-sim.*

751. Histoire des environs de Paris, par Dulaure. 1825. 7 vol. in-8, v. rac., dent. *figures*.

752. Chroniques de Passy et de ses environs, par Quillet. 1836. 2 tom. in-8, d.-rel., *portraits, figures*.

753. Versailles ancien et moderne, par le comte A. de Laborde 1839. Gr. in-8, maroq. rou., fil., tr. dor., *figures*.

753 *bis*. Le même, dem.-rel. maroq. vert., tr. dor.

754. Les Fastes de Versailles, par Fortoul. *Paris*, 1839. Gr. in-8, v. vert., compart., *figures*.

755. Musée de Versailles, avec un texte historique, par Théodore Burette. *Paris*, 1844. 3 vol. in-4, d.-rel., tr. dor., *fig*.

756. Versailles et son Musée historique, par J. Janin. — Guide de Versailles. 1832. — Versailles, itinéraire, 1838. — Guide à Saint-Cloud. — Histoire et description de Saint-Cloud. 1846. Ens., 5 vol. in-12, br.

757. Histoire de la ville et des antiquités de Saint-Germain-en-Laye. 1815. In-18, br. — Les Tombeaux de Saint-Denis. Description de cette abbaye. 1825. In-18, br., *figures*.

758. La Vallée de Montmorency, par Julien Lemer. Gr. in-8, *plan*. — Les Tombeaux de Saint-Denis. — Notice sur le fort de Vincennes. Ens., 3 brochures.

759. Voyage à Ermenonville, par Thiébaut-de-Berneaud. 1819. In-12, v. rac. *portrait, carte*. — Lettres à Jennie sur Montmorency, l'Hermitage, Chantilly, etc., par L... 1818. — Nouvelle description de Versailles. 1820. In-12, v. rac., *figures*.

760. Histoire des villes de France, avec une introduction générale pour chaque province, par A. Guilbert, etc. *Paris, Furne*, 1844. 6 vol. gr. in-8, d.-rel., d. et coins v. fau., *jolies figures et blasons col.*

761. La Bretagne ancienne et moderne, par Pitre-Chevalier. Gr. in-8, cart., *figures, blasons coloriés.*

762. La Normandie, par J. Janin. *Paris, E. Bourdin*, 1844. Gr. in-8, cart., *jolies figures, blasons coloriés.*

763. La Normandie illustrée : monuments, sites et costumes de la Seine-Inférieure, de l'Eure, du Calvados, de l'Orne et de la Manche, dessinés d'après nature par F. Benoist, texte par MM. Raymond-Bordeaux, L. Héricher, de Beaurepaire, etc. *Paris, Charpentier*, 1854. 2 vol. gr. in-fol. en feuilles. *Bel exempl.*

764. Le département de l'Orne archéologique et pittoresque, par de La Sicotière et Poulet-Malassis, et par une Société d'antiquaires et d'archéologues. *L'Aigle*, 1843. Gr. in-fol. en feuilles. *Bel exempl.*

765. Chronique des ducs de Normandie, par Benoît, trouvère anglo-normand du XIIe siècle, etc., par Fr. Michel. *Paris, Imp. roy.*, 1844. 3e vol.

766. La Loire historique, pittoresque et biographique de la source de ce fleuve à son embouchure, recueillis en 1842-43, par Touchard-Lafosse. *Tours*, 1844. 4 tomes en 5 vol. gr. in-8, cart., *figures et cartes.*

767. La diablerie de Chaumont, par Em. Jolibois. *Chaumont*, 1838. In-8, br.

768. La Mosaïque de l'Ouest, publiée sous la direction de M. Émile Souvestre. *Alençon*, 1844-47. 3 vol. gr. in-8, cart., *vignettes.*

769. Antiquités gauloises et gallo-romaines de l'arrondissement de Mantes, par A. Cassan. *Mantes*, 1835. In-8, br., *planches.*

770. L'Algérie ancienne et moderne, depuis les premiers établissements des Carthaginois jusqu'à la prise de la Smalah d'Abd-el-Kader, par L. Galibert, *vignettes* de Raffet. *Paris, Furne*, 1844. Gr. in-8, d.-rel., mar. viol., *fig.*

HISTOIRE DES PAYS ÉTRANGERS.

771. La Belgique monumentale, historique et pittoresque, par Moke, V. Joly, Gens et autres. 1844. 2 vol. gr. in-8, cart., *figures, costumes coloriés.*

772. Histoire de la conquête de l'Angleterre par les Normands, par Aug. Thierry. 5ᵉ édit. *Paris,* 1839. 4 vol. et atlas in-8, br.

773. Histoire d'Angleterre depuis l'invasion de J. César jusqu'à la révolution de 1688, par D. Hume, continuée par Goldsmith. *Paris,* 1830. 40 tomes en 15 vol. in-18, d.-v., *fig. Bel exempl.*

773 *bis.* Histoire d'Angleterre depuis la première invasion des Romains, par le Dʳ J. Lingard, traduite par de Roujoux, 1833. 16 vol. in-8, d.-rel. v. ant.

774. Histoire d'Angleterre, par David Hume, continuée jusqu'à nos jours par Smollett, etc., trad. nouv. par Campenon. *Paris, Furne,* 1839. 13 vol. in-8, br., *figures* de Tony-Johannot.

775. Charles Iᵉʳ, sa cour, son peuple et son parlement, de 1630 à 1660 : histoire anecdotique et pittoresque du mouvement social, et de la guerre civile en Angleterre au 17ᵉ siècle, par Philarète Chasles, illustrée de gravures sur acier d'après Van-Dyck, Rubens et Cattermole. *Paris, Lecou, S. D.,* Gr. in-8, br.

776. La Suisse pittoresque et ses environs, par Alex. Martin. *Paris,* 1835. Gr. in-8, br., *fig.*

777. Voyage en Savoie, en Piémont, à Nice et à Gênes, par Millin. *Paris,* 1816. 2 vol. in-8, d.-rel. v.

778. Traités publics de la royale maison de Savoie avec les puissances étrangères, depuis la paix de Château-Cambresis jusqu'à nos jours, publiés par ordre du roi. *Turin, Imp. roy.,* 1836. 5 vol. in-4, br.

779. Italie pittoresque. *Paris,* 1836. 2 tomes en 1 vol. gr. in-8, d.-rel., mar. viol., *fig.*

780. Histoire de la république de Venise, par Léon Galibert. 1847. Gr. in-8, cart. toile, tr. dor.

781. Analyse géographique de l'Italie, par d'Anville. 1744. In-4, v. fau., fil., 2 *cartes*. (*Padeloup*.)

782. Le secret de Rome au XIXe siècle : 1e le peuple ; 2e la cour ; 3e l'Eglise, par Eug. Briffault, illustré de 200 dessins. *Paris, Boizard*, 1846. Gr. in-8, cart. toile.

783. Inventaire général de l'histoire d'Espagne, extrait de Mariana Turquet et autres auteurs, etc. *Paris*, 1628. In-4, vél., *titre gravé*.

784. Mystères de l'Inquisition et autres Sociétés secrètes d'Espagne, par de Féréal. 1845. Gr. in-8 illustré, cart.

785. Études sur la révolution en Allemagne, par Saint-René Taillandier. *Paris*, 1853. 2 vol. in-8, br.

786. La Germanie, trad. de Tacite par Panckoucke, avec un nouveau commentaire extrait de Montesquieu, etc. *Paris*, 1824. In-8 et atlas in-4, br.

787. Univers pittoresque. *Paris, Didot*. 5 vol. in-8, br., *fig*. (Allemagne, 2 vol.; Autriche, 1 vol.; Italie, 1 vol.; Inde, 1 vol.)

788. Univers pittoresque : Danemark, par Eyriès. 1846. In-8, br., *fig*.

789. La Pologne historique, littéraire, monumentale et illustrée, par L. Chodzko. 1842. Gr. in-8 en livr., *figures, portraits et fac-simile*.

790. La Pologne pittoresque, etc., publiée par L. Chodzko. *Paris*, 1835-42. 3 vol. gr. in-8, br., *fig*.

791. La Hongrie ancienne et moderne, par une société de littérateurs, sous la direction de Boldenyi. 1851. Gr. in-8, d.-rel. maroq., dos. et c., *fig*.

792. Histoire politique et sociale des principautés danubiennes, par Elias Regnault. 1855. In-8, br.

793. 6 vol. in-12, br., form. Charpentier, de X. Marmier. — Lettres sur le Nord. 2 vol. — Un Eté au bord de la Baltique. 1 vol. — Lettres sur la Russie, la Finlande et la Pologne. 2 vol. — Du Danube au Caucase. 1 vol.

794. Guide maritime et stratégique dans la mer Noire, la mer d'Azof et sur le théâtre de la guerre en Orient. Publié par Corréard. 1854. In-8, br. et atlas in-fol. de 40 *planch*.

795. Voyage du jeune Anacharsis en Grèce, vers le milieu du IVe siècle de l'ère vulgaire, par l'abbé Barthélemy. Nouvelle édition. *Paris, E. Ledoux*, 1821. 7 vol. in-8, et atlas in-4, bas. rac., dent.

796. Univers pittoresque. Grèce, par Pouqueville. In 8, br. *figures*.

797. Tableau historique, politique et pittoresque de la Turquie et de la Russie, par MM. Joubert et Félix Mornand. *Paris, Paulin*, 1854. In-fol., br., *figures*.

798. Voyage de Paris à Constantinople, par Marchebeus, architecte. 1839. Gr. in-8, cart. toile., tr. dor., *fig*.

799. Histoire de l'empire ottoman, depuis 1792 jusqu'en 1844, par Juchereau de Saint-Denis. *Paris*, 1844. 4 vol. in-8, br., *carte*.

800. Correspondance d'Orient, 1830-1831, par Michaud et Poujoulat. 1833. 7 vol. in-8, d.-rel., v. bl.

801. Deux années de l'Histoire d'Orient, 1839-40, faisant suite à l'Histoire de la guerre de Méhémet-Ali en Syrie, etc., par de Cadalvene, etc. *Paris*, 1849. 2 vol. in-8, br.

802. Histoire des guerres civiles des Espagnols dans les Indes, causées par les soulèvements des Picarres et des Almagres; suivis de plusieurs désolations à peine croyables, etc., mis en françois, par J. Baudoin. *Paris, J. de la Caille*, 1672, 2 vol. in-4, v. gr., front. gr.

803. Histoire de l'Inde anglaise. Conquête de l'Inde par l'Angleterre. — L'Inde sous la domination anglaise, par Barchou de Penhoën. *Paris*, 1850. 8 vol. in-8, br.

804. Tableaux historiques de l'Asie, depuis la monarchie de Cyrus jusqu'à nos jours, par J. Klaproth. 1824. In-4, d.-rel. et atlas in-fol., cart.

805. Voyages dans l'Inde et en Perse, par le prince A. Soltykoff. 1858. In-12, br., *carte*.

806. Relation du voyage de Perse et des Indes orientales, traduite de l'anglais de Th. Herbert. *Paris, J. du Puis*, 1663. In-4, v. gr.

807. Histoire universelle de la Chine, par le P. Alvarez Semedo, Portugais, avec l'Histoire de la guerre des Tartares, etc.,

par le P. M. Martini, traduite nouvellement en françois. *Lyon*, 1667. In-4, v. fau. *Bel exempl.*

808. L'Egypte au XIXe siècle. Histoire militaire et politique, anecdotique et pittoresque de Méhémet-Ali, Ibrahim-Pacha, Soliman-Pacha, par Ed. Gouin ; illustrée de gravures peintes à l'aquarelle, par A. Beaucé. *Paris, Boizard*, 1847. Gr. in-8, d.-mar. vert., dos et c. fil.

809. Histoire de la conquête du Mexique, ou de la Nouvelle-Espagne, trad. de l'espagnol de Don Ant. de Solis. *Paris*, 1691. In-4, v. br., *planch.*

810. Mémoires des commissaires du roi, et de ceux de Sa Majesté Britannique, sur les possessions et les droits respectifs des deux couronnes en Amérique. *Paris, Imp. roy.*, 1755. 4 tomes en 3 vol. in-4, v. mar.

811. Mémorial du gouverneur Morris, homme d'Etat américain, ministre plénipotentiaire des Etats-Unis en France, de 1792 à 1794, trad. avec annotations, par A. Gandais. *Paris*, 1842. 2 vol. in-8, br.

812. Voyage dans les deux Océans, Atlantique et Pacifique, 1844-1847, par E. Delessert. 1848. Gr. in-8, cart. toile, tr. dor., *fig.*

813. Voyage illustré dans les cinq parties du monde en 1846, 47, 48, 49, par A. Joanne, orné de 663 gravures. *Paris, Paulin*. Gr. in-fol., cart.

814. 8 vol. in-12, br., format Charpentier, de X. Marmier. — Lettres sur l'Adriatique. 2 vol. — Lettres sur l'Islande. 1 vol. — Du Rhin au Nil. 2 vol. — Lettres sur l'Algérie. 1 vol. — Lettres sur l'Amérique. 2 vol.

Archéologie.

815. Dictionnaire des antiquités grecques et romaines de Furgault, par de Boulainvilliers. *Paris*, 1824. In-8, v. éc., dent.

816. Recueil d'antiquités égyptiennes, étrusques, grecques et romaines (par Caylus). *Paris*, 1752-67. 7 vol. in-4, v. mar. *Bel exempl., planch.*

817. Antiquités, mythologie, diplomatie des chartes et chronologie (de l'Encyclopédie méthodique), par Mongez. 5 tom.

en 10 parties et 4 *vol. de planch.* En tout, 14 vol. in-4, cart., n. rog., 380 *planch. Exemplaire bien complet.*

818. Histoire de l'Académie royale des Inscriptions et Belles-Lettres, depuis son établissement jusqu'à présent. *Paris, Imp. roy.*, 1736-80. 41 vol. in-4, v. mar. *Bel exempl.*

819. Diplomatique-pratique, ou Traité de l'arrengement des archives et trésors des chartes, par Le Moine *Metz*, 1765.— Supplément, contenant une méthode sûre pour déchiffrer les anciennes écritures, etc. *Paris*, 1772, en 1 vol. in 4, d.-rel. v. ant., *gr. nombre de planch.*

820. Bibliothèque de l'Ecole des chartes. *Paris*, 1839-1846. *Première série*, 5 vol. — 2e *série*, tomes 1 et 2. Ens., 7 vol. gr. in-8, cart., n. rog.

821. 5 brochures in-8 de Ch. Lenormant. — Le Louvre. — Chapelle de l'Eucharistie à N.-D. de Lorette.— Authenticité des monuments découverts à la chapelle Saint-Eloi. — Du Philoctète de Sophocle. — Œdipe à Colone représenté au petit sémin. d'Orléans.

Bibliographie.

822. Notices historiques sur les bibliothèques anciennes et modernes, par A. Bailly, sous-bibliothécaire. *Paris*, 1828. In-8, br.

823. Manuel du libraire et de l'amateur des livres, par J. Ch. Brunet. *Paris*, 1814. 4 vol. in-8, d.-rel.

824. Dictionnaire des ouvrages anonymes et pseudonymes, par M. Barbier. 2e édit. *Paris*, 1822. 4 vol. in-8, v. rac., dent., *port. sur chine. Bel ex.*

825. Dictionnaire raisonné de bibliologie, par Gab. Peignot. 1804. 2 vol. in-8. — Supplément, 1804. 1 vol. Ens., 3 vol. in-8, rel. v. rac., dent.

826. Peignot. Traité du choix des livres. 1817.— Dictionnaire des métaphores françaises, par Varinot. 1819. In-8, v. rac., dent.

827. Répertoire bibliographique universel, par Gab. Peignot. *Paris, Renouard*, 1812. In-8, v. rac., dent.

828. Manuel du bibliophile, ou traité du choix des livres, par G. Peignot. *Dijon*, 1823. 2 vol. in-8, br.

829. Dictionnaire portatif de Bibliographie, par Fournier. Seconde édit. 1809. In-8, d.-rel.

830. Analecta biblion, ou extraits critiques de divers livres rares, oubliés ou peu connus (par le marquis du Roure). *Paris*, 1836. 2 vol. in-8, br.

831. Recherches historiques et littéraires sur les danses des morts et sur l'origine des cartes à jouer, par Gab. Peignot. 1826. In-8, d.-rel. v. fau, n. rog., *fig. Exemp. lavé et encollé.*

832. La France littéraire, contenant les auteurs français de 1771 à 1796, par Ersch. *Hambourg*, 1797. 5 vol. in-8, dem.-rel. v.

833. Bibliographie de la France, Journal de la librairie, 1811-12. In-8, cart., 1820 à 1846. 27 vol. in-8, bas. 1850, et livr. séparées de 1848 et 1849.

834. Petite Bibliographie biographico-romancière, ou Dictionnaire des romanciers, tant anciens que modernes, tant nationaux qu'étrangers; avec un mot sur chacun d'eux, et la notice des romans qu'ils ont donnés, soit comme auteurs, soit comme traducteurs; précédé d'un catalogue des meilleurs romans publiés depuis plusieurs années, aug. de onze suppléments et de leur appendice. *Paris*, 1821-25. En 1 vol. in-8, v. rac.

835. Bibliographie musicale de la France et de l'étranger, ou répertoire général systématique de tous les traités et œuvres de musique vocale et instrumentale. *Paris*, 1822. In-8, br.

Biographie.

836. Vies des hommes illustres grecs et romains de Plutarque, trad. par Amyot. *Paris*, 1609. 2 vol. pet. in-8, vél.

837. Les Vies des hommes illustres de Plutarque, trad. du grec par Amyot. Avec des notes de MM. Brotier, Vauvilliers et Clavier. Nouv. édit. *Paris, Janet et Cotelle*, 1818-21. 25 vol. in-8, br.

838. Les Vies des hommes illustres de Plutarque, trad. en fr.

par D. Ricard. Nouv. édit. *Paris*, 1829. 16 tomes en 8 vol. in-18, d.-rel. v. bleu. *Bel. ex.*

839. Vies de plusieurs personnages célèbres des temps anciens et modernes, par A. Walckenaër. *Lyon*, 1830. 2 vol. in-8, d.-v. ant.

840. Dictionnaire historique et critique, par M. Bayle. 3ᵉ édit. *Rotterdam*, 1715. 3 vol. in-fol., v. br., *portrait*.

841. Biographie universelle, ancienne et moderne. *Paris, Michaud*, 1811-32. 54 vol. in-8, v. rac., dent.

842. Dictionnaire biographique, universel et pittoresque, contenant 3,000 articles de plus que la plus complète des Biographies publiés jusqu'à ce jour ; orné de 128 portraits imprimés dans le texte. *Paris*, 1834. 4 vol. grand in-8, br.

843. Biographie des hommes vivants, par une société de gens de lettres. 1817. 5 vol. in-8, demi-rel.

844. Nouveau Dictionnaire historique, biographique et bibliographique, trad. de l'anglais de John Watkins. *Paris*, 1803. In-8, v. rac., dent.

845. Examen critique et complément des dictionnaires historiques les plus répandus (par A. Barbier). *Paris*, 1820. In-8, br., portr. *Tom. 1ᵉʳ, seul paru.*

846. Collection des petites biographies publiées de 1825 à 1828. En tout, 28, en 6 vol. in-24, rel. v. rac., dent., et 6 brochés non rognés.

Cette Collection contient les biographies : des rois de France, — des favoris, — des usurpateurs, — militaires, — pairs, députés et ministres, — cardinaux, — archevêques, — jésuites, — criminels, — préfets, — des quarante, — des gens de lettres, — des contemporains, — des acteurs et actrices, — dramatique, — des chansonniers, — des dames de la cour, — des médecins, — des journalistes, — indiscrète, — des princes et princesses, — des ministres, — des jésuites, — des députés, etc.

847. Recueil de portraits de personnages célèbres, lithographiés, publiés par Blaizot. 2 vol. in-4, demi-rel., contenant environ 400 *portraits*.

848. Le Plutarque français. Vies des hommes et femmes illustres de la France, avec leurs portraits en pied, par Ed. Mennechet. *Paris*, 1837. 8 tomes rel. en 2 vol. gr. in-8, demi-reliure.

849. Les Femmes illustres de la France, par la comtesse Drohojowska. Gr. in-8, cart. toile, tr. dor. *Figures.*

850. Les illustres Français, ou Tableaux historiques des grands hommes de la France, dans tous les genres, jusqu'en 1792, collection de 56 planches, représentant 129 portraits, 350 tableaux; bas-reliefs d'après les dessins de Marillier. In-fol., demi-rel, mar. rou.

851. Les Français peints par eux-mêmes. Paris. — Province. — Le Prisme encyclopédique, morale du XIXe siècle, ill. par Gavarni, Grandville, Messonnier, etc. *Paris, Curmer*, 1841. 8 vol. gr. in-8, demi-rel., mar. r. *Exemp. colorié.*

852. Mémoires inédits sur la vie et les ouvrages des membres de l'Académie royale de Peinture et de Sculpture, d'après les manuscrits publiés par MM. Dussieux, de Montaiglon, etc. *Paris*, 1854. 2 vol. in-8, br.

853. Mémorial portatif de chronologie, d'histoire industrielle, d'économie politique, de biographie, etc. *Paris*, 1829. 4 tomes en 2 vol. in-12, v. rac.

854. Histoire des confesseurs des empereurs, des rois et d'autres princes, par M. Grégoire, ancien évêque de Blois. *Paris*, 1824. In-8, br.

855. Notice sur la vie et les ouvrages de Quinault, par A. Crapelet. 1824. Br. in-8.

856. Mémoires et Journal sur la vie et les ouvrages de Bossuet, par l'abbé Le Dieu, publiés pour la première fois d'après les manuscrits, par l'abbé Guettée. *Paris, Didier*, 1857. 4 vol. in-8, br.

857. Portraits des hommes illustres des XVIIe et XVIIIe siècles, dessinés d'après nature, et gravés par Edeline, Lubin Van Schuppen, Dolfus et Simonneau, avec une notice sur chacun d'eux. *Paris*, 1805. 2 tomes en 1 vol. in-fol., cart., non rog. *Belles épreuves.*

858. Histoire de la vie et des ouvrages de Voltaire, par Paillet de Warcy. 1824. 2 vol. in-8, br., *portraits.*

859. Vie de Voltaire, par Mazure. *Paris*, 1821. — Histoire littéraire et philosophique de Voltaire, par Durdent. 1818. In-8, v. rac., 2 *portraits ajoutés.*

860. Vie politique, littéraire et morale de Voltaire, où l'on

réfute Condorcet et ses autres historiens, par Lepan. 2ᵉ édit. *Paris*, 1819. In-12, v. rac., *portraits*.

861. L'Ermitage de J. J. Rousseau et de Grétry, poëme avec figures et notices historiques, par Fl. Grétry. *Paris*, 1820.— Cause célèbre relative à la consécration du cœur de Grétry, ou Précis historique des faits énoncés dans le procès intenté à son neveu par la ville de Liége, etc. *Paris*, 1825. En 1 vol. in-8, demi-rel. v. rose., *planches*.

862. Notice sur le caractère et les écrits de Mᵐᵉ de Staël, par Mᵐᵉ Necker de Saussure. 1820. In-8, v. rac., dent., *portrait*.

863. Éloge de Mᵐᵉ Geoffrin, suivi de ses Lettres, etc., publiés par Morellet. 1812. In-8, v. rac., dent.

864. Des hommes célèbres de France au XVIIIᵉ siècle, et de l'état de la littérature et des arts à la même époque, par Goëthe, trad. par de Saint-Géniès. *Paris*, 1822. In-8, br.

865. Le petit Almanach de nos grands hommes, par Rivarol. 1788. In-18, v. rac. — Petit Dictionnaire des poëtes français vivants. 1814 (dans le même vol.). — Petit Dictionnaire de la cour et de la ville, par Clément. 1788. In-12, d.-rel., 2 tomes, 1 vol. — Revue des auteurs vivants, grands et petits. *S. D.* In-18, br.

866. Notice pour servir à l'éloge de M. Perronet, premier ingénieur en chef des ponts et chaussées de France, par Lesage, ingénieur en chef. 1805. In-4, br., *portrait gravé d'après Cochin.*

A cet exempl. se trouve jointe une lettre autographe signée de l'auteur à M. d'Hauteclair.

867. Portraits de personnages célèbres de la Révolution, par F. Bonneville, avec des notices raisonnées sur chacun de ces portraits. *Paris*, 1802. In-4, cart., 51 *portraits*.

868. Petite biographie conventionnelle, etc. 1816. In-12, v. rac., dent., *fig*.

869. Célébrités contemporaines, collection de 225 portraits lithographiés de personnages célèbres. *Paris, Delpech*. 1 vol. gr. in-8, d.-mar. v.

870. Biographie du clergé contemporain, par un solitaire. *Paris*, 1840-44. 9 vol. in-12, cart., *portraits*.

871. Galerie de la presse, de la littérature et des beaux-arts,

par Ch. Philippon et Louis Huart. 1840. 3 vol. in-4, d.-rel., v. rose, *portraits*.

872. Vie de Marnix de Sainte-Aldégonde (1538-1598), tirée des papiers d'Etat et d'autres documents inédits, par Th. Juste. *Bruxelles*, 1858. In-8, br.

873. Vies de Haydn, de Mozart et de Métastase. *Paris, Didot*. 1817. In-8, br.

REVUES, JOURNAUX, ETC.

874. Collection du journal la Semaine. 14 vol. in-fol., d.-rel. et cart.

875. Le Nain couleur de Rose, journal politique, littéraire et moral. 1815-18. In-8, d.-rel. *Nombreuses figures, costumes et caricatures*.

876. La Chronique, revue mensuelle. 9 numéros en 2 vol. in-18. — Le Feuilleton mensuel, revue littéraire et critique. 7 numéros (1842) en 2 vol. in-18. — Lettres cochinchinoises, par Albéric Second. 1841. 1 vol. In-18. Ens., 5 vol. in-18, cart.

877. Le Nain jaune, ou journal des arts, des sciences et de la littérature. Année 1815. In-8, cart.

Ce volume est rempli de curieuses caricatures politiques et autres.

878. La Mosaïque, revue de tout le monde et de tous les pays. 1833-1836. 3 vol. gr. in-8, d.-rel., *figures*.

879. Le Magasin pittoresque, collection complète 1833 à 1859 inclusivement, et table des dix premières années. Ensemble, 28 vol.; les 14 premiers, d.-rel., 2 tomes en 1 vol.; le reste, cart. et en livraisons.

880. Le Magasin universel. 1833-1840. 7 tomes en 4 vol. gr. in-8, d.-rel., *figures*.

881. Musée des Familles, lectures du soir. *Paris*, 1833 à 1859 incl.; les 10 premiers vol. rel. en 5, d.-bas. r.; le reste br. et cart.

882. Collection des Physiologies (environ 65), publiées par

Louis Huart, Maurice Alhoy, Ch. Philippon, etc., illustrées par Gavarni, Grandville, Bertall et autres, cart. en 18 vol. in-18.

Collection devenue rare et difficile à réunir.

883. Les Guêpes, par Alphonse Karr. Novembre 1839 à décembre 1841 inclus. 5 vol. in-18, rel. et cart.

884. Le Monde illustré, journal hebdomadaire, du nº 1 à 115 inclus., en livr.

885. L'Echo des Feuilletons, recueil de nouvelles, contes, anecdotes, épisodes, extraits de la presse contemporaine, par Fellens et Dufour. *Paris*, 1841 à 59 inclus. 19 vol. gr. in-8, *fig.*; les 10 premiers vol., cart., d.-toile; les autres, en livr.

886. The Illustrated London News, d'octobre 1849 à juillet 1851. 5 vol., in-fol., cart., et le 3ᵉ vol., de juillet à décembre 1843, in-fol.

887. L'Illustration. *Paris*, *Paulin*, 1843-59 incl. 34 vol. in-fol.; les 24 premiers vol., cart.; le reste, en livraisons. — Table générale analytique et alphabétique des tomes 1 à 14. In-fol., cart.

888. Revue des Deux-Mondes, de juillet 1849 à décembre 1852 incl., rel. en 34 vol. d.-mar. viol., fil.;—de janvier 1855 à décembre 1859 inclus., en livraisons. En tout, 10 années et 1 semestre.—Annuaire des Deux-Mondes, de 1850 à 1858 inclus. 8 vol., br., dont 1 rel., d.-mar. viol. *Bon état.*

SUPPLÉMENT.

889. Durat-Lasalle. Du Généralat. *Paris*, 1851. Gr. in-8, br.—Marie-Isabelle. Dressage par le surfaix des chevaux, etc. Gr. in-8, *fig.*, br.—Pontet. Répertoire historique des chevaux de race pure en France. Gr. in-8, br.—Journal des Haras. *Paris*, 1848. 2 vol. in-8, d.-rel., *fig.*

890. Emy. Cours des sciences physiques et chimiques appliquées aux arts militaires. *Paris*, 1848. In-8, *fig.*, br. — Cours de physique générale professé à l'école centrale des arts et métiers. In-4, *fig.* (lith.), rel.—Payan. Sur l'emploi de l'iodure de potassium, etc. In-8, br.

891. Renouard. Traité des brevets d'invention. *Paris*, 1844. In-8, v. f. — Blanc (Et.). Code des inventions et des perfectionnements. *Paris*, 1852. 1 vol. in-8, br. — Commettant. La Propriété intellectuelle. *Paris*, 1857. In-18, br.

892. Dupin. Géométrie et mécanique, dynamie. *Paris*, 1825. 3 vol. in-8, fig., d.-rel.

893. Noirot. Traité de la culture des forêts. *Paris*, 1839. In-8, br. — Traité de l'aménagement des forêts. In-8, br. — Lagarde-Montelun. Voyage agricole et horticole en Chine. In-8. — Billot. Des Latifundas futurs, ou crise agricole. *Paris*, 1858. In-8, br. — Evon. De l'engraissement du gros bétail. Gr. in-8, br. — Louchaud. De l'Hygiène dans les dépôts et régiments des troupes à cheval. In-8, br. — Magne. Principes d'agriculture et d'hygiène. 1845. In-8, d.-rel

894. De la Blanchère. L'Art du Photographe. 1859. — Gaudin. Traité pratique du Photographe. 1844. In-8, br. — Legray. Photographie. Gr. in-8. — Termoloff. Description des Appareils photographiques. 1852. In-8, *pl.* — Lerebours. Photographie. In-8, br., *fig.*,

895. Leblanc. Description d'un pont suspendu de 190 m. d'ouverture et de 39 m. 70 de hauteur au dessus des basses mers, construit sur la *Villaine*, à la *Roche-Bernard*. *Paris*, 1841. In-4, atlas in-fol., br.

896. Documents statistiques sur les chemins de fer. *Paris, Impr. impér.*, 1856. In-fol., br.

897. Polonceau. Nouveau système de ponts en fonte suivi dans la construction du pont du Carrousel. *Paris*, 1839. 1 vol. in-4, atlas in-fol., br.

898. Busset. Traité pratique d'Arpentage appliqué au cadastre. *Paris, Carillian* et *Dalmont*, 1842. 1 vol. in-8, br., *pl.*

899. Richard. De la conformation du cheval. 1847. In-8, *fig.* — Minot. Appréciation du cheval, des qualités intrinsèques. *Paris*, 1842. In-8, br. — Journal des Haras. 1848. 2 vol. in-8, d.-rel. Plusieurs livraisons de diverses années, br.

900. Durutte (Comte). Technie, ou les lois générales du système harmonique. *Paris, Mallet-Bachelier*, 1855. 1 vol. gr. in-8, br.

901. Geoffroy. Vade-mecum du piqueur des ponts et chaussées. *Montpellier*, 1852. In-8, br., *fig.*

902. Bailly de Merlieux. Mémorial encyclopédique et progressif des connaissances humaines. *Paris*, 1839. 12 vol. gr. in-8, br., *fig*.

903. Annales maritimes, de 1816 à 1828, 1834 à 1839, rel. — 1840 à 1847, br.

904. Messager des Sciences et des Arts de Belgique. *Gand*, 1833-1844. 10 vol. in-8, br., *fig*.

905. Le Carpentier. Galerie des peintres célèbres, avec des remarques sur le genre de chaque peintre. *Paris*, 1831. 2 vol. in-8, br. — Essai sur le paysage. In-8, br., *fig*.

906. Lettres sur le pouvoir de l'imagination des femmes enceintes, etc. 1745. In-12, rel.

907. Lancelot et Petitot. Grammaire générale et raisonnée de Port-Royal. 2e édit. *Paris*, 1810. In-8.

908. R. Descartes. Epistolæ. *Amst.*, *Dan. Elzev.*, 1668. 3 vol. in-4, vél. — Tractatus de homine et formatione fœtus. *Amst.*, 1686. In-4, d.-rel., *fig*. — Tractatus de lumine. *Amst.*, 1601. In-4, rel., *fig*.

909. D'Archiac. Description géologique du dép. de l'Aisne. *Paris*, 1843. In-fol., br., *cartes coloriées*. — Chanlaire. Atlas de l'empire d'Allemagne, mis au jour par Courtalon. In-fol., d.-rel.

910. Mémoires de la Société archéologique du Midi de la France. *Toulouse*, 1834. Tome Ier. In-4, d.-rel., *fig*. — Mémoires de la Société des Antiquaires de France. *Paris*, 9 vol. in-8, br., *fig*.

911. Villeneuve (Comte de). Statistique des Bouches-du-Rhône. *Marseille*. 4 vol. in-4, atlas, br.

912. Herman. Traité de l'administration départementale. *Paris*, 1855. 2 vol. in-8, br.

913. Pocquet (L'abbé). Histoire de Château-Thierry. *Château-Thierry*, 1839. 2 tom. 1 vol. in-8, d.-rel., *fig*. — Cochet (L'abbé). Les églises de l'arrondissement du Havre. *Ingouville*, 1845. Gr. in-8, br., *fig*. (Tome IIe.) — Les églises de l'arrondissement d'Yvetot. 1852. Gr. in-8, br., *fig*.

914. Lesur. Annuaire historique universel. *Paris*, 1850. In-8, d.-rel.

915. Choumara. Considérations sur les Mémoires du maréchal Suchet et sur la bataille de *Toulouse*. In-8, br., *pl.*—Fonscolombe. Progrès de l'art militaire, suivi d'un Cours de tactique. *Paris*, 1854. In-8, br. — Richardot. Nouveaux Mémoires sur l'armée française en Égypte et en Syrie. *Paris*, 1848. In-8, br.

916. Fervel. Campagnes de la Révolution française dans les Pyrénées-Orientales (1793-94, 1795). *Paris*, 1851. 2 vol. in-8, br. — Garrel. Ordonnance portant règlement sur le service de la solde et sur les revues, suivi des tarifs de solde en vigueur. *Paris*, 1858. In-8. — Morin. Camp de Châlons. Gr. in-8, br., *pl.*

917. Prospectus d'un ouvrage proposé par souscription, par l'abbé Rive. *Paris*, 1782. In-12, br.

918. Sichle. Considérations sur la Révolution française... *Paris*, 1859. — Delahodde. Histoire des sociétés secrètes et du parti républicain depuis 1830 à 1848. *Paris*, 1850. In-8, br. — Duruy. Histoire d'Italie. *Paris*, 1853. In-12, br. — Deschiens. Bibliographie des journaux. *Paris*, 1829. In-8, br.

919. Wronski. Épître secrète à Son Altesse le prince Louis-Napoléon, président de la République française, sur les destinées de la France. *Paris*, 1851. In-4, br. — *Id.* Épître secrète à Sa Majesté l'empereur de Russie. *Paris*, 1851. In-4, br. — *Id.* Épître à Son Altesse le prince Czartoryski, sur les destinées de la Pologne et sur les destinées des nations *slaves*. *Paris*, 1848. In-4, br. — *Id.* Secret politique de Napoléon. *Paris*, 1840. In-8, br. — *Id.* Philosophie absolue. 1857. In-8, br.

920. Lemoine. Diplomatique pratique ou l'arrangement des archives et trésors des chartres. *Metz*, 1765. In-4, rel. *fig.*

921. Dubrunfaut. L'Agriculteur manufacturier. *Paris*, 1830. 8 vol. in-8, pl. d.-rel.

922. Bayle. Traité des maladies cancéreuses. *Paris*, 1830. 2 vol. in-8, br.

923. Notice du vert de chine et de la teinture en vert chez les Chinois, par Natalis Rondot. 1858. Gr. in-8, br, *figures et figures coloriées.*

Ce livre n'a pas été mis dans le commerce.

924. Paillot de Montabert. L'Unistaire, livres des chrétiens unistes, etc. *Paris,* Alex. Johanneau, 1848. 3 vol. in-8, br.

925. Blavignac. Histoire de l'Architecture sacrée du IVe au Xe siècle. *Paris,* 1853. 1 vol. in-8 et Atlas obl., br.

LOTS

D'ouvrages divers qui seront vendus le lundi 21 mai.

ENVIRON 2,500 VOLUMES

SCIENCES, LITTÉRATURE, HISTOIRE.

Un grand nombre de volumes in-18 des Collections Charpentier, Lecou, Michel Lévy, Librairie nouvelle, etc.

Publications pittoresques, Romans illustrés, Feuilletons, etc. Journaux divers.

Classiques divers; volumes du Panthéon littéraire et autres.

BIBLIOTHÈQUE NATIONALE R.F. IMPRIMÉS

Paris. Impr. de Pommeret et Moreau, 42, rue Varin.

www.ingramcontent.com/pod-product-compliance
Lightning Source LLC
LaVergne TN
LVHW010619110826
845149LV00003B/980

* 9 7 8 2 3 2 9 2 6 4 3 6 3 *